Sunnia Gorka

Estudos de divergência genética para caraterísticas de rendimento e qualidade na malagueta

Sunnia Gorka

Estudos de divergência genética para caraterísticas de rendimento e qualidade na malagueta

ScienciaScripts

Imprint

Cover image: www.ingimage.com

This book is a translation from the original published under ISBN 978-620-2-07173-4.

Publisher:
Sciencia Scripts
is a trademark of
Dodo Books Indian Ocean Ltd. and OmniScriptum S.R.L publishing group

120 High Road, East Finchley, London, N2 9ED, United Kingdom
Str. Armeneasca 28/1, office 1, Chisinau MD-2012, Republic of Moldova, Europe
Printed at: see last page
ISBN: 978-620-8-27875-5

Agradecimentos

Em primeiro lugar, gostaria de agradecer a BABA JI, o poder supremo, que me concedeu uma imensa paciência e me deu força para realizar o meu trabalho de investigação.

Tenho o privilégio de apresentar os meus sinceros agradecimentos e cumprimentos ao reverente presidente do meu comité consultivo, Dr. Sanjeev Kumar, professor assistente da Divisão de Ciências Vegetais e Floricultura, pelo seu encorajamento, conselhos, sugestões apreciáveis, críticas construtivas e ajuda sempre disponível ao longo da investigação e preparação deste manuscrito, que me levou a alcançar o meu destino com sucesso.

Expresso também a minha mais sincera gratidão ao Dr. R.K. Samnotra, Professor e Diretor da Divisão de Ciências Vegetais e Floricultura, SKUAST, Jammu, pela sua amável ajuda, orientação especializada e valiosas sugestões ao longo dos estudos.

Tenho também o prazer de expressar os meus sinceros agradecimentos aos membros do meu comité consultivo, Dr. R. K Gupta, Professor, Division of Vegetable Science & Floriculture, Dr. Moni Gupta, Professor Assistente, Division of Biochemistry and Plant physiology e Dean Nimunee, Dr. K.R. Sharma, Professor e Chefe, Division of Soil Science & Agricultural Chemistry pela sua orientação, ajuda, encorajamento e críticas construtivas que resultaram na presente dissertação.

Não tenho palavras para expressar as minhas profundas condolências pelo falecimento prematuro do Dr. A.K. Gupta (Professor) que nos deixou subitamente e rezo a Deus para que providencie um lugar celestial para a nobre alma que partiu. Ele estará sempre no nosso coração.

Gostaria de expressar a minha sincera gratidão à Dra. Puja Rattan pela sua ajuda e cooperação durante o curso da minha investigação.

Agradecimentos sinceros ao Dr. Sandeep Chopra, ao Dr. Satesh Kumar, ao Dr. Manoj Kumar, ao Dr. R.K. Pandey, ao Dr. Deepji Bhat, à Dra. Sheetal Dogra, ao Dr. Arvinder Singh, à Dra. Nomita Laishram, aos membros do corpo docente da Divisão de Ciências Vegetais e Floricultura pela sua ajuda e cooperação durante os meus estudos.

Os meus sinceros agradecimentos são também devidos a todos os membros do pessoal, especialmente a Rajesh ji, e ao pessoal do campo, Neetu bhaiya, pela sua ajuda sincera, sempre que necessário, durante o período do meu trabalho de investigação.

Agradeço sinceramente à ASPEE FOUNDATION por me ter concedido uma bolsa de estudo como ajuda financeira.

Agradeço de todo o coração aos meus alunos mais velhos, aos meus alunos mais novos e aos meus amigos pela sua ajuda indispensável e pelo seu apoio moral.

É com o toque pessoal das emoções que aproveito esta oportunidade para expressar a minha sincera e afectuosa gratidão às minhas duas famílias e aos meus pais. Estou gratamente grato ao meu pai, Sh. Surinder Kumar, e ao meu sogro, Sh. Ram dass, que sempre foi um ideal e um portador de tochas para mim. A bênção e o amor eternos da minha mãe, Smt. Suman, e da minha sogra, Smt. Banti devi, inspiraram-me a alcançar o melhor na vida. Sem o seu amor, sacrifício gracioso e inspiração constante, este sonho não se teria concretizado.

As palavras não são suficientes para exprimir os meus sentimentos íntimos para com as minhas cunhadas Arti, Pawan e Preeti, irmã Kanchan, irmão Sunju, dudi ji, chachi e chachu ji pelo seu afeto, imenso, meticuloso aconselhamento e críticas construtivas que me fortaleceram para poder completar a maior parte do meu trabalho de investigação e que actuaram como uma fonte vital da minha força mental e inspirações.

E, acima de tudo, as palavras não são suficientes para exprimir o meu profundo sentimento de gratidão e afeto para com o meu companheiro Adi, que tem sido uma fonte constante de inspiração e encorajamento durante a minha carreira académica e me proporcionou uma companhia jovial em momentos de stress.

Por último, mas não menos importante, devo muito aos esforços de J.D. ji, que se esforçou para elaborar este documento científico.

Escusado será dizer que os erros e omissões são meus.

ÍNDICE

RESUMO

Título da tese	**: Estudos de divergência genética para caraterísticas de rendimento e qualidade na malagueta** (Capsicum annuum **L.**)
Nome do aluno	**: Sunnia Gorka**
Número de registo	**: J-11-M-230**
Assunto principal	**: Ciência dos vegetais**
Conselheiro principal	**: Dr. Sanjeev Kumar**
Grau a atribuir	**: Mestrado (Ag.) em Ciências Vegetais**
Ano de atribuição do diploma	**: 2013**
Nome da Universidade	**: Universidade Sher-e-Kashmir de Ciências e Tecnologias Agrícolas de Jammu (J & K)**

RESUMO

A presente investigação intitulada **"Estudos de divergência genética para traços de rendimento e qualidade em malagueta *(Capsicum annuum* L.)"**, composta por dezoito genótipos, foi realizada na Vegetable Research Farm, Division of Vegetable Science & Floriculture, FOA, Chatha, SKUAST-J, durante o ano de 2012-13. O experimento foi estabelecido em um projeto de blocos aleatórios com três repetições. As observações foram registradas em vários caracteres, a saber, dias para 50% de floração, dias para frutificação, número total de frutos por planta, peso médio dos frutos, comprimento dos frutos, diâmetro dos frutos, comprimento do caule, propagação da planta, número de ramos primários por planta, altura da planta, número de sementes por fruto, capsaicina, ácido ascórbico, produção de frutos por planta, produção de frutos por parcela e produção de frutos por hectare. A análise de variância revelou diferenças significativas entre os genótipos para todas as caraterísticas estudadas. O coeficiente de variação fenotípico (PCV) e o coeficiente de variação genotípico (GCV) foram elevados para o número total de frutos por planta, a produção de frutos por planta, o peso médio dos frutos, o número de sementes por fruto e a capsaicina. Foram obtidas estimativas elevadas de hereditariedade para todas as caraterísticas em estudo, exceto para a dispersão das plantas, o número de ramos primários por planta e a altura da planta. O avanço genético como percentagem da média foi registado ao máximo para o número total de frutos por planta. As caraterísticas viz. número total de frutos por planta, peso médio dos frutos, capsaicina e produção de frutos/planta apresentaram elevada hereditariedade, avanço genético e GCV, indicando que são controladas por ação genética aditiva e podem ser melhoradas por seleção direta. Em geral, as correlações genotípicas foram de maior magnitude do que as fenotípicas. A produção de frutos por planta apresentou uma correlação negativa significativa com os dias até 50 % de floração e os dias até à frutificação, enquanto que uma correlação positiva significativa com o número total de frutos por planta, o peso médio dos frutos, o comprimento e o diâmetro dos frutos. O número total de frutos teve o efeito direto positivo mais elevado. Dezoito genótipos foram agrupados em 5 grupos diferentes. A distância intra-agrupamento máxima foi observada no agrupamento IV, incluindo DKC-8, Cherry Pepper, LCA-206 e G-3, enquanto a distância inter-agrupamento máxima foi registada entre o agrupamento IV (DKC-8, Cherry Pepper, LCA-206 e G-3) e I (SJPC, SJC-01), revelando que existia diversidade genética suficiente para selecionar progenitores superiores e diversos, que podem ser explorados em qualquer programa de melhoramento da malagueta.

Palavras-chave: Malagueta, Variabilidade genética, Correlação, Coeficiente de caminho, Heritabilidade, Divergência.

CAPÍTULO 1

INTRODUÇÃO

A malagueta (Capsicum annuum L.) é uma das culturas de rendimento mais valiosas da Índia. O género Capsicum pertence à família Solanaceae. Tem um número de cromossomas 2n = 24 e é originário da América tropical (México) com centros secundários na Guatemala e na Bulgária (Salvador, 2002). É cultivado para utilização como legume, especiaria, condimento, molho e picles em climas tropicais, subtropicais e temperados (Hazra et al., 2011). A palavra capsicum deriva da palavra grega "Kapsimo" que significa "morder". Foi introduzido na Europa por Colombo no século XV e espalhou-se pelo resto do globo juntamente com as rotas comerciais das especiarias para África, Índia, China e Japão. Foi introduzida na Índia pelos portugueses e incorporada instantaneamente nas cozinhas nacionais (Bosland e Votava, 1999).

Na Índia, a malagueta verde é cultivada numa área de 7670 hectares com uma produção total de 65894 toneladas e uma produtividade média de 9,47 MT/ha (Anónimo, 2011) e a malagueta vermelha é cultivada numa área de 869467 hectares com uma produção total de 1445947 toneladas e uma produtividade média de 1,83 MT/ha. A Índia contribui para 25% da produção total de malagueta no mundo e é o maior exportador de malagueta. Os EUA, o Canadá, o Reino Unido, a Arábia Saudita, Singapura, a Malásia e a Alemanha são os principais importadores de malagueta da Índia. A maior parte da malagueta produzida na Índia é cultivada em Estados como Andhra Pradesh, Karnataka, Maharashtra, Orissa e Tamil Nadu.

A malagueta é cultivada para o comércio de especiarias e frutos verdes vegetais. Tem diferentes utilizações nos estádios verde maduro, vermelho maduro e seco. É uma fonte rica em vitamina C, vitaminas A e E, pequenas quantidades de proteínas, gorduras, hidratos de carbono e vestígios de minerais. A malagueta é também uma boa fonte de oleorresina, que é o extrato total do sabor da malagueta seca moída e é um produto concentrado, homogéneo e de fluxo livre, com utilizações variadas nas indústrias de alimentos transformados e de bebidas. O extrato corante natural da malagueta está também a encontrar o seu valor crescente em vez de corante artificial nos produtos alimentares, especialmente nos países desenvolvidos. A malagueta comercial é a vagem seca e tem duas qualidades comerciais importantes, ou seja, a cor vermelha, que se deve ao pigmento chamado capsantina, e a pungência, que se deve ao alcaloide volátil cristalino chamado capsaicina, presente na placenta do fruto, que pode eliminar diretamente vários radicais livres (Kogure et al., 2002; Bhattacharya et al., 2010). As indústrias farmacêuticas utilizam a capsaicina como um bálsamo antiirritante para aplicação externa. Do ponto de vista nutricional, Szent - Gyorgyi descobriu o ácido ascórbico (vitamina C) na malagueta, pelo qual ganhou o prémio Nobel em 1937. A malagueta também contém potássio, magnésio e ferro. As malaguetas são utilizadas há muito tempo para aliviar a dor, uma vez que se sabe que inibem os mensageiros da dor. Os extractos de malaguetas são utilizados para aliviar a dor da artrite, dores de cabeça, queimaduras e nevralgias. Afirma-se também que têm o poder de reforçar o sistema imunitário e reduzir o colesterol. Também são úteis para se livrarem dos parasitas do intestino.

Existem mais de 400 variedades diferentes de malaguetas em todo o mundo. A Índia tem um grande potencial para aumentar a produção a fim de promover a exportação, para além de satisfazer as necessidades internas. No entanto, apesar dos esforços contínuos a vários níveis, a produtividade da malagueta não ganhou ímpeto. Esta situação pode ser atribuída a uma série de factores limitantes, entre os quais se destacam a falta de genótipos superiores para o desenvolvimento de cultivares ou híbridos superiores de elevado rendimento, bem como a incidência severa de tripes, ácaros, murchidão complexa, oídio, antracnose e broca do fruto, etc., que resultam numa redução tremenda do rendimento e da qualidade. O género Capsicum é frequentemente uma cultura de polinização cruzada e a polinização cruzada natural pode ir até 50%, dependendo da extensão do esforço de estilo, do tempo de deiscência das anteras, da direção do vento e da população de insectos. Por conseguinte, para o melhoramento da cultura da malagueta, podem ser utilizados métodos de reprodução de culturas de polinização própria e cruzada.

Um conhecimento abrangente da variabilidade disponível no material de reprodução de uma espécie de cultura para os caracteres desejados permite aos criadores identificar o genótipo mais potencial. A utilidade da seleção depende da quantidade de variação genética presente (Adunga e Labuschangne, 2003). A diversidade genética desempenha um papel importante na criação de novas variedades e híbridos e, para isso, os criadores escolhem progenitores geneticamente distantes. A diversidade genética também permite que os criadores eliminem alguns progenitores, reduzindo o conjunto de genes disponíveis e concentrando os seus esforços num número menor de combinações híbridas. Quanto maior for a diversidade, maiores são as possibilidades de melhorar os caracteres económicos em causa na descendência resultante.

Até à data, o melhoramento das culturas de malagueta tem sido conseguido através da exploração das fontes de variabilidade disponíveis. Naturalmente, a variação ou diversidade genética para a maioria dos atributos de rendimento é consideravelmente elevada na malagueta. Há uma necessidade urgente de procurar melhorar caraterísticas quantitativas complexas como o rendimento.

Como resultado da livre troca de germoplasma de malagueta e de muita introgressão de caracteres em muitas cultivares locais de malagueta, o resultado foi o aumento da variabilidade e novas combinações genéticas. Entre os vários métodos identificados/desenvolvidos para estudar a divergência genética nos genótipos, utiliza-se o método de Mahalanobis D^2 (Mahalanobis, 1936) para identificar os progenitores dos híbridos. Tendo em conta o que precede, a presente investigação foi empreendida para estudar a divergência genética em termos de rendimento e caraterísticas de qualidade em genótipos de malagueta, com os seguintes objectivos

1. Avaliar a magnitude da variação no germoplasma de malagueta para caraterísticas quantitativas.

2. Avaliar a magnitude da variação do germoplasma de malagueta no que respeita a caraterísticas qualitativas.

3. Avaliar a divergência genética da malagueta no que respeita a caraterísticas qualitativas e quantitativas.

CAPÍTULO 2

REVISÃO DA LITERATURA

No presente estudo, intitulado "Estudos de divergência genética para caraterísticas de rendimento e qualidade da malagueta (Capsicum annuum L.)", procurou-se estudar a variabilidade genética, a hereditariedade, o avanço genético, a associação entre caracteres, a análise do coeficiente de caminho e a divergência genética na malagueta. Neste capítulo, apresenta-se uma breve revisão da literatura disponível relativa à investigação, sob os seguintes títulos:

1. Parâmetros de variabilidade
2. Estudos de correlação
3. Análise do coeficiente de caminho
4. Estudos de diversidade genética

1. PARÂMETROS DE VARIABILIDADE

Para selecionar tipos desejáveis em qualquer cultura é necessária uma vasta gama de variabilidade. A variação exibida pelos caracteres quantitativos inclui componentes hereditários e não hereditários (Fisher, 1918). Nilsson-Ehle (1909) e East (1916) referiram que a partição da variação fenotípica nas suas componentes genéticas e não genéticas é muito importante para compreender a quantidade de variabilidade num germoplasma.

Gogoi e Gautam (2002), ao estudarem a variabilidade genética em cinquenta e duas linhas de malagueta, registaram um coeficiente de variação genotípica (GCV) e um coeficiente de variação fenotípica (PCV) elevados. As estimativas de hereditariedade foram moderadas, juntamente com um elevado avanço genético para a maioria dos caracteres, o que indica a importância destes caracteres no programa de melhoria da produção.

Manju e Sreelathakumary (2002) avaliaram 32 acessos de malagueta para estudos de variabilidade, hereditariedade e avanço genético e registaram coeficientes de variação fenotípica e coeficientes de variação genotípica mais elevados para frutos por planta, rendimento por planta, sementes por fruto e peso do fruto. Foram também observadas estimativas elevadas de hereditariedade, juntamente com um elevado avanço genético para estes caracteres, o que indica que podem ser eficazmente melhorados através da seleção.

Sreelathakumary e Rajamony (2004) registaram uma elevada hereditariedade associada a um elevado avanço genético para vários caracteres ao estudarem 35 genótipos de malagueta.

Singh et al. (2005) observaram valores elevados de variância genotípica para vários caracteres como rendimento fresco por planta, número de frutos por planta, altura da planta, número de sementes por fruto e comprimento do fruto. A hereditariedade máxima foi registada para o comprimento do fruto, seguida do número de sementes por fruto e da largura do fruto, enquanto o avanço genético foi máximo para o rendimento fresco por planta, seguido do número de frutos por planta, do rendimento seco por planta e do número de sementes por fruto.

A variabilidade genética, a hereditariedade e o avanço genético para caracteres quantitativos foram estudados em 69 genótipos de malagueta por Shivkumar e Hosamani (2006). Indicaram um coeficiente de variação genotípica (GCV) e um coeficiente de variação fenotípica (PCV) moderados a elevados para todos os caracteres e uma elevada hereditariedade (sentido lato) associada a um elevado avanço genético como média percentual foi observada para a maioria dos caracteres, exceto a altura das plantas.

Ukkund et al. (2007) observaram um elevado grau de variação e de hereditariedade para todos os caracteres em estudo. A diferença entre o coeficiente de variação fenotípico e o coeficiente de variação genotípico foi estreita para a maioria dos caracteres, exceto para ramos primários, ramos secundários, ramos terciários, cinquenta por cento de floração, produção de frutos precoce e tardia por planta. Foram observadas estimativas elevadas de hereditariedade e de avanço genético em percentagem da média para vários caracteres.

Quarenta genótipos diversos de malagueta foram avaliados para estudar a extensão da variabilidade, que foi confirmada pela análise de variância, tal como indicado pelos valores elevados do coeficiente de variação genotípica (GCV) e do coeficiente fenotípico (PCV) por Smitha e Basvaraja (2007). A estratégia de seleção para melhorar o rendimento deve basear-se no número de frutos por planta, no peso dos frutos, no número de ramos primários, no comprimento dos frutos, no diâmetro dos frutos, na altura das plantas e no número de ramos primários durante o processo de seleção, porque estes caracteres vão contribuir diretamente para o rendimento.

Estudos de variabilidade em setenta e dois genótipos de malagueta efectuados por Shirshat et al. (2007) indicaram que o coeficiente de variação fenotípica era superior ao coeficiente de variação genotípica para todos os caracteres, indicando a influência do ambiente nestes caracteres. As estimativas de hereditariedade relativas ao comprimento do fruto, à área de superfície do fruto, ao número de sementes por fruto, ao peso das sementes por fruto, ao peso do fruto seco, ao peso do pericarpo do fruto, ao teor de ácido ascórbico e ao teor de açúcar foram elevadas. Foi observado um avanço genético moderado para os caracteres número de frutos por planta, número de sementes por fruto e teor de açúcar do fruto. A hereditariedade foi elevada nestes caracteres, exceto no número de frutos por planta. O rendimento por planta, uma caraterística complexa, que depende de vários caracteres componentes, mostrou uma hereditariedade moderada com um avanço genético baixo.

Dandunayaka (2008) observou que as caraterísticas relacionadas com a produção, como os frutos por planta e o peso dos frutos, apresentavam um coeficiente de variação genotípico e um coeficiente de variação fenotípico elevados. Verificou-se uma elevada hereditariedade associada a um elevado avanço genético em percentagem da média para os parâmetros bioquímicos, frutos por planta, peso seco dos frutos, comprimento dos frutos, diâmetro dos frutos e ramos secundários, o que sugere o envolvimento de factores genéticos.

Farhad et al. (2008) verificaram que as magnitudes do coeficiente de variação fenotípica eram superiores aos coeficientes de variação genotípica correspondentes numa experiência realizada para avaliar a malagueta. O coeficiente de variação genotípica mais elevado (GCV), bem como o coeficiente de variação fenotípica (PCV), foram calculados para o teor de vitamina C, o número de ramos secundários por planta, o número de ramos primários por planta e o rendimento por planta. As estimativas de hereditariedade foram mais elevadas para todos os caracteres, exceto para os dias até 50 % de floração e o comprimento do pedicelo. Foi estimada uma elevada hereditariedade associada a elevados avanços genéticos para as sementes por fruto e a altura da planta.

Tembhurne et al. (2008) realizaram uma experiência sobre o desempenho varietal, a variabilidade e a associação de caraterísticas na malagueta e referiram que as diferenças entre o coeficiente de variação fenotípico e o coeficiente de variação genotípico foram baixas para os dias até 50 % de floração, altura da planta, diâmetro do fruto e número de frutos por planta. Foi observado um elevado avanço genético sobre a média, associado a uma maior hereditariedade, para o número de frutos por planta.

Sarkar et al. (2009) obtiveram uma variação significativa entre quarenta e nove genótipos de malagueta para caracteres de crescimento e de fruto. A produção de frutos por planta, o número de frutos por planta, o comprimento do fruto, o comprimento da placenta, o peso do fruto, o número de sementes por fruto e a altura da planta apresentaram valores elevados de GCV e PCV. Foi registada uma elevada hereditariedade em sentido lato, juntamente com um elevado avanço genético em % da média geral para a produção de frutos por planta, número de frutos por planta, comprimento dos frutos, dias até 50 % de floração e altura da planta, indicando que são controlados por ação genética aditiva.

Sharma e Singh (2009) observaram um coeficiente de variação fenotípico e um coeficiente de variação genotípico elevados para o rendimento comercializável por planta, o peso médio dos frutos, o perímetro dos frutos, o número de frutos comercializáveis por planta, o comprimento dos frutos e os ramos primários por planta. A hereditariedade máxima foi registada para os ramos secundários por planta, seguida do perímetro do fruto, dos ramos primários por planta e do rendimento comercializável por planta. O rendimento verde comercializável por planta apresentou o maior avanço genético.

Singh et al. (2009) registaram um coeficiente de variação fenotípica (PCV) e um coeficiente de variação genotípica (GCV) elevados para o rendimento fresco e seco comercializável por planta, o número de frutos comercializáveis, o peso médio fresco e seco dos frutos, o comprimento e o diâmetro dos frutos, o peso das sementes por fruto, o número de ramos estruturais primários por planta e o teor de oleorresina e capsaicina. Observou-se uma elevada hereditariedade associada a um elevado avanço genético para o rendimento fresco e seco comercializável por planta, o peso médio dos frutos, o número de frutos comercializáveis, o diâmetro dos frutos e o teor de oleorresina e capsaicina, o que indicou o papel da ação genética aditiva na herança destas caraterísticas e concluiu que estas caraterísticas são susceptíveis de responder melhor à seleção.

Munshi et al. (2010) calcularam a variabilidade, a hereditariedade e o avanço genético e observaram o PCV e o GCV mais elevados para o número de frutos por planta, indicando a possibilidade de obter uma resposta de seleção elevada. A hereditariedade mais baixa foi registada para a capsaicina, enquanto os carotenóides totais apresentaram o valor mais elevado e os restantes apresentaram uma hereditariedade muito elevada, exceto o rendimento por planta e os dias para a primeira colheita de frutos, que apresentaram estimativas de hereditariedade moderadamente elevadas. Obteve-se um elevado avanço genético associado a uma elevada hereditariedade para o peso dos frutos, o número de frutos por planta, o número de ramos secundários e os carotenóides totais, o que indica que a seleção por linhas puras ou a seleção individual de plantas podem ser eficazmente utilizadas para isolar genótipos superiores para estas caraterísticas.

Sharma et al. (2010) investigaram a variabilidade genética, incluindo as variâncias média, genotípica e fenotípica, o coeficiente de variação, a hereditariedade e o avanço genético em genótipos geneticamente diversos de pimentão. Revelaram que o coeficiente de variação fenotípica (PCV) e o coeficiente de variação genotípica (GCV) eram elevados para a produção de frutos por planta e o teor de ácido ascórbico, indicando que estas caraterísticas tinham uma ampla variabilidade genética e responderiam melhor à seleção. Registou-se uma elevada hereditariedade e um elevado avanço genético para o peso médio dos frutos, a produção de frutos por planta, o diâmetro dos frutos, o número de lóbulos por fruto, os dias até à primeira colheita, a área foliar e o teor de ácido ascórbico, indicando o papel da ação genética aditiva na herança destas caraterísticas.

Singh e Chaudhary (2010) estudaram a arquitetura genética da malagueta e registaram valores consideráveis de GCV e PCV para o teor de capsaicina, o número de frutos por planta, o comprimento do fruto, o diâmetro do fruto, a área foliar e o rendimento fresco total por planta, indicando a existência de maior diversidade para estes caracteres. A hereditariedade, em sentido lato, foi considerada sensivelmente elevada para os caracteres: número de ramos primários, área foliar, comprimento do fruto, número de frutos por planta, rendimento fresco total por planta e rendimento seco total por planta. Verificou-se uma elevada hereditariedade associada a um elevado grau de avanço genético para o rendimento fresco total por planta e o número de frutos por planta, o que reflecte que os caracteres acima referidos estão sob o controlo de efeitos genéticos aditivos e podem ser utilizados para melhorar o rendimento.

Chattopadhyay et al. (2011), ao explorarem a diversidade dos recursos genéticos de malaguetas verdes e secas do leste da Índia, indicaram que o coeficiente de variação fenotípica e o coeficiente de variação genotípica para o peso dos frutos verdes, o perímetro dos frutos verdes, o peso dos frutos vermelhos maduros, o peso dos frutos secos e o número de frutos por planta eram elevados. O rendimento de frutos verdes por planta, o teor de ácido ascórbico e o número de frutos por planta também revelaram uma hereditariedade e um avanço genético muito elevados.

Singh e Singh (2011), num estudo sobre trinta genótipos diversos de malagueta, revelaram PCV e GCV elevados para três caraterísticas, nomeadamente o número de frutos/planta, o peso dos frutos por planta e a produção de frutos vermelhos maduros. O PCV e o GCV moderados foram registados na altura da planta e no comprimento do fruto, enquanto que o PCV e o GCV moderados a baixos foram observados no número de ramos primários/planta. O PCV foi superior ao GCV em todos os caracteres, exceto na altura da planta, o que indica o papel do ambiente na expressão do genótipo. Foi observada uma elevada hereditariedade juntamente com um elevado GCV e avanços genéticos para o peso dos frutos/planta, periferia dos frutos, produção de frutos vermelhos maduros, indicando que a caraterística foi controlada por um efeito genético aditivo. Isto sugere que a seleção pode ser eficaz no melhoramento destas caraterísticas.

Ullah et al. (2011) realizaram estudos de variabilidade genética em doze genótipos de malagueta e relataram que o maior coeficiente de variação genotípica foi encontrado no caso da produção de frutos por planta, seguido de frutos por planta, peso médio dos frutos e comprimento dos frutos. Foi observada uma elevada hereditariedade para todos os caracteres testados, exceto para o diâmetro dos frutos. Foi registada uma elevada hereditariedade com um elevado avanço genético em percentagem da média para os caracteres como produção de frutos por planta, frutos por planta, altura da planta e dias até 50 % de floração, indicando o papel da ação genética aditiva na expressão destes caracteres.

Kumar et al. (2012) revelaram diferenças significativas entre os genótipos de malagueta em todos os traços. O coeficiente de variação fenotípica (PCV) foi superior ao coeficiente de variação genotípica (GCV) de todos os traços. O avanço genético foi elevado para a altura da planta após 150 dias após o transplante, número de frutos por planta, ácido ascórbico e produção de frutos por planta.

Singh e Singh (2012) avaliaram cinquenta genótipos de malagueta para avaliar a variabilidade genética e a associação dos seus diferentes traços e registaram uma magnitude muito elevada do coeficiente de variabilidade para o peso das sementes por fruto, a área foliar, o comprimento do corpo do fruto, o número de sementes por fruto, a espessura do fruto e a produção precoce de frutos frescos por planta.

Foi observada uma elevada hereditariedade, juntamente com um elevado coeficiente de variação genotípica (GCV) e ganho genético para a produção precoce de frutos frescos por planta, peso de sementes por fruto, comprimento do corpo do fruto, espessura do fruto, número de sementes por fruto, comprimento do fruto, produção de frutos secos por planta e copa da planta, indicando que as caraterísticas eram controladas por genes aditivos e responderiam muito bem à seleção contínua.

Hasanuzzaman et al. (2012), ao estudarem a capacidade de combinação e a análise da hereditariedade para o rendimento e os caracteres que contribuem para o rendimento da malagueta, referiram que a hereditariedade em sentido lato de todos os 11 caracteres era superior a 90 %, o que indica que são altamente hereditários.

O desempenho do rendimento foi estudado em sete variedades de malagueta, revelando a variabilidade genética, o coeficiente de variação genotípica (GCV), o coeficiente de variação fenotípica (PCV), a hereditariedade em sentido lato e o avanço genético sobre a média por Lakshmi e Vijayapadma (2012). As estimativas elevadas de herdabilidade foram encontradas para altura da planta, número de ramos por planta, número de vagens por planta, comprimento da vagem, peso de 100 vagens e rendimento de vagens verdes. Esses caracteres também apresentaram estimativas moderadas a altas de avanço genético em porcentagem sobre a média.

2. ESTUDOS DE CORRELAÇÃO

Os estudos de correlação são feitos principalmente para medir a relação mútua entre vários caracteres da planta e também para determinar os caracteres componentes nos quais a seleção pode ser feita para melhorar o rendimento e os coeficientes são de três tipos: correlações simples ou totais, parciais e múltiplas (Singh, 1990). A eficiência da seleção pode ser melhorada através do estudo da correlação entre diferentes caracteres. Alguns caracteres, como a produção, são herdados de forma complexa e envolvem vários factores estreitamente relacionados. A extensão da relação observada entre dois caracteres é indicada pela correlação fenotípica, que inclui influências hereditárias e ambientais, enquanto a associação real entre os dois caracteres é indicada pelo coeficiente de correlação genotípica, que pode ser útil para a seleção (Johnson et al., 1955a).

Munshi et al. (2000), em estudos de correlação envolvendo 30 genótipos de malagueta, referiram que o rendimento por planta estava significativa e positivamente correlacionado com o número de frutos por planta e o peso dos frutos. A associação negativa significativa dos dias para a primeira colheita de frutos com o número de frutos por planta e o rendimento por planta revelou que a seleção visava melhorar o rendimento e os caracteres associados ao rendimento. O peso do fruto apresentou uma correlação negativa significativa com o número de frutos por planta e uma correlação positiva com o comprimento do fruto. Sreelathakumary e Rajamony (2002), ao estudarem a variabilidade, a hereditariedade e a correlação na malagueta, observaram uma correlação positiva significativa de caraterísticas económicas como frutos/planta, comprimento dos frutos e peso dos frutos com a produção.

Mini e Vahab (2002), ao estudarem a correlação na malagueta, revelaram que a produção de oleorresina estava positivamente correlacionada com o número de frutos por planta e negativamente associada ao número de dias para a frutificação, floração e colheita. O número de dias para a floração foi positivamente correlacionado com o número de dias para a primeira frutificação, a primeira colheita e a produção de frutos por planta. O número de dias para a frutificação teve uma associação significativa e positiva com o número de dias para a primeira colheita e uma associação negativa com o número de frutos por planta. O número de dias para a colheita foi negativamente associado ao número de frutos e à produção de frutos por planta.

Gogoi e Gautam (2003) observaram uma correlação significativa e positiva entre a produção de frutos frescos por planta e a produção de frutos secos, frutos por planta, flores por planta, peso de frutos frescos, folhas por planta, percentagem de frutificação, peso de frutos secos, peso de 1000 sementes, altura da planta, dispersão da planta, peso específico da folha, comprimento do fruto, sementes por fruto e número de ramos primários.

Gouda e Mulge (2003), em estudos de correlação em cruzamentos de capsicum x chilli e seus progenitores, revelaram que a produção total de frutos verdes por planta foi positiva e significativamente associada à percentagem de frutificação, número de frutos por planta, peso médio dos frutos, produção precoce de frutos verdes por planta, peso de frutos secos por planta e número de sementes por fruto.

Mathew et al. (2004) descreveram uma correlação positiva e significativa da produção com a largura do fruto, comprimento do fruto, peso do fruto único, número de sementes, peso de 1000 sementes e peso da flor, número de frutos e espessura da parede do fruto. A largura do fruto foi positivamente correlacionada com a espessura da parede e o número de sementes e negativamente com os dias necessários para a abertura de 50 % das flores.

Ukkund et al. (2007), em estudos de associação de caracteres em oitenta genótipos autóctones e exóticos de malagueta para 13 caracteres importantes, revelaram que a associação fenotípica e genotípica da produção de frutos estava significativa e positivamente correlacionada com todos os caracteres, exceto os dias até à primeira floração e o peso de dez frutos. A produção de frutos precoces e a produção de frutos tardios por planta apresentaram uma correlação altamente significativa e positiva com a produção total de frutos, o que pode ser atribuído a um maior número de frutos produzidos pelos genótipos precoces e tardios.

Farhad et al. (2008) verificaram que a produção de frutos secos por planta apresentou uma correlação significativa e positiva com o número de ramos secundários por planta, o perímetro do fruto, o peso do fruto, os frutos por planta, as sementes por fruto e o peso de 100 sementes.

Reddy et al. (2008) observaram coeficientes de correlação genotípica mais elevados do que os coeficientes de correlação fenotípica, o que pode dever-se ao efeito de mascaramento do ambiente na expressão total dos genótipos, resultando numa associação fenotípica reduzida. Ao nível genotípico, a produção apresentou uma associação significativa e positiva com o número de frutos por planta, o número de ramos primários, a altura da planta, o número de ramos secundários e o peso médio dos frutos e, ao nível fenotípico, a produção apresentou uma associação significativa e positiva com o número de frutos por planta e o número de ramos secundários.

Hosamani (2008) referiu que o número de frutos por planta e o número de ramos por planta apresentavam uma correlação significativa e positiva com a produção de frutos por planta aos níveis genotípico e fenotípico. Tembhurne et al. (2008) referiram que a produção estava positivamente associada à maioria das caraterísticas em estudo.

Jabeen et al. (2009) referiram que a produção de frutos por planta apresentava uma correlação altamente significativa com o número de frutos por planta, o número de ramos por planta e a altura da planta, indicando a utilidade destas caraterísticas para melhorar a produção de frutos na malagueta.

Singh et al. (2009), ao estudarem trinta genótipos de malagueta, referiram que o peso médio dos frutos, o número total de frutos por planta e de frutos comercializáveis por planta e o comprimento dos frutos contribuíam para o rendimento fresco comercializável. Entre os caracteres de qualidade, a capsantina foi significativa e positivamente correlacionada com o rendimento.

Kumari et al. (2011), num estudo de correlação em noventa e quatro genótipos diferentes de pimentão, referiram que a produção de frutos secos por planta apresentava uma associação significativa e positiva com a altura da planta, a dispersão da planta, o número de frutos por planta, o perímetro do fruto, as sementes por fruto e o teor de capsantina.

Hasanuzzaman e Golam (2011) avaliaram vinte genótipos de malagueta e referiram que, a nível fenotípico, o rendimento por planta estava significativa e positivamente correlacionado com o comprimento do fruto, o peso do fruto e o número de frutos por planta e os dias até à maturação do fruto. Ao passo que, a nível genotípico, o rendimento por planta estava significativa e positivamente correlacionado com todos os caracteres acima mencionados, incluindo a largura do fruto.

Yadeta et al. (2011) avaliaram vinte genótipos de Capsicum e relataram que a produção de frutos por planta teve correlação positiva e significativa com o comprimento do fruto, peso do fruto e diâmetro da copa. O coeficiente de correlação genotípica destas caraterísticas também foi positivo e elevado.

Lahbib et al. (2012), num estudo de análise de correlação no pimento, revelaram que tanto o rendimento por planta como o peso da placenta estavam positivamente correlacionados com o número de frutos por planta. Por outro lado, o diâmetro do fruto e a espessura da parede do fruto foram negativamente correlacionados com o comprimento do fruto. Não foi observada correlação significativa entre a altura da planta e os outros caracteres avaliados.

Singh e Singh (2012) efectuaram estudos de associação de caracteres na malagueta e revelaram que a produção precoce de frutos frescos por planta estava positiva e significativamente correlacionada com o número de frutos por planta, o comprimento do corpo do fruto, o comprimento do fruto, a produção de frutos frescos por planta, o número de sementes por fruto, o peso da semente por fruto e a produção de frutos secos por planta, tanto a nível genotípico como fenotípico.

3. ESTUDOS DE COEFICIENTES DE TRAJECTÓRIA

A técnica de análise do coeficiente de caminho foi desenvolvida por Wright (1921) e demonstrada por Dewey e Lu (1959) como um meio de separar a contribuição direta e indireta de vários caracteres.

A análise do coeficiente de correlação mede a influência direta de uma variável sobre a outra e permite a separação do coeficiente de correlação em componentes de efeitos diretos e indirectos. A maioria dos autores referiu que a altura da planta, o número de ramos, o comprimento do fruto, o diâmetro do fruto, o número de sementes, o peso do fruto e o número de frutos por planta têm um efeito positivo direto significativo no rendimento. No entanto, alguns autores referiram efeitos diretos negativos dos caracteres acima mencionados na produção e também existem relatórios sobre os efeitos diretos da dispersão das plantas, dos dias até à floração, do comprimento do pedículo e da espessura do pericarpo na produção.

Munshi et al. (2000), em estudos de análise de percurso do rendimento e dos seus componentes, revelaram que o número de frutos por planta, o peso do fruto e a circunferência do fruto tinham um efeito positivo direto no rendimento/por planta, pelo que a melhoria do rendimento da malagueta pode ser conseguida através da seleção do número de frutos por planta, dos dias para a primeira colheita do fruto e do peso do fruto.

Mini e Vahab (2002) indicaram que o número de dias até à floração teve um efeito direto positivo no rendimento de oleorresina. O número de dias até à colheita e o número de frutos por planta tiveram efeitos diretos negativos na produção de oleorresina. Gogoi e Gautam (2003) referiram que o número de frutos por planta exerceu o maior efeito direto positivo no rendimento, seguido do comprimento e do diâmetro dos frutos, indicando a importância destas caraterísticas no programa de melhoria do rendimento.

Mathew et al. (2004) acederam a cinco espécies diferentes de capsicum e revelaram o elevado efeito positivo direto da taxa de recuperação na produção de frutos secos. A taxa de recuperação também teve um efeito indireto positivo através do peso das flores. Isto sugere que a seleção direta para a produção de frutos frescos, bem como a taxa de recuperação e a seleção indireta através da produção de frutos frescos e do número de frutos foram complementares para a produção de frutos secos. Dandunayaka (2008) revelou que o número de frutos por planta, o peso dos frutos e os ramos secundários por planta tiveram um efeito direto positivo na produção.

Hosamani (2008) referiu que o peso das sementes por fruto tinha um efeito direto negativo na produção de frutos secos por planta. Os resultados indicaram que a seleção do número de frutos por planta, do peso dos frutos e do número de sementes por fruto pode aumentar o rendimento do pimento. Reddy et al. (2008) referiram que o número de frutos por planta, a largura do fruto e o peso médio do fruto são componentes importantes do rendimento, que podem ser considerados índices de seleção para melhoramento.

Jabeen et al. (2009) revelaram que o efeito direto mais elevado na produção de frutos por planta foi exercido pelo peso médio dos frutos, seguido do número de frutos por planta, do número de ramos por planta e da dispersão da planta, enquanto que o efeito indireto mais elevado na produção de frutos por planta foi exercido pelo número de ramos por planta através do número de frutos por planta, pelo comprimento e largura dos frutos através do peso médio dos frutos e pela altura da planta através do número de frutos por planta.

O número de frutos por planta, o peso dos frutos e o peso de 1000 sementes tiveram um efeito direto positivo e elevado na produção de frutos, indicando a sua fiabilidade como critérios de seleção para melhorar a produção de malagueta (Sarkar et al. 2009). Sharma et al. (2010) referiram que o número de frutos por planta apresentou o efeito direto positivo mais elevado, seguido do peso médio dos frutos, do número de ramos por planta, do comprimento do pedicelo e da duração da colheita a nível genotípico.

O efeito direto do número de frutos por planta foi muito próximo do valor de correlação e cinco caracteres diferentes estiveram envolvidos no efeito positivo indireto. Ao nível genotípico, o efeito direto foi mais próximo do valor de correlação e o efeito positivo indireto actuou através de sete caracteres diferentes. A seleção deve ser feita através do número de frutos por planta. O efeito residual da análise de trajetória foi de 0,21 a nível genotípico, o que indica que todas as caraterísticas importantes foram consideradas por Hasanuzzaman e Golam (2011).

Kumari et al. (2011) revelaram que o número de frutos por planta teve o maior efeito direto positivo na produção de frutos secos por planta. O número de frutos por planta, a altura da planta, a dispersão da planta, o número de sementes por fruto, os dias até à maturação e o teor de capsantina foram componentes importantes do rendimento e da qualidade com influência direta no rendimento de frutos secos e, por conseguinte, podem ser considerados no melhoramento genético para melhorar o rendimento.

Yadeta et al. (2011) relataram que o peso dos frutos teve um efeito direto positivo máximo, seguido dos dias para a floração, diâmetro da copa, altura da planta, dias para a maturação, espessura do pericarpo, frutos por planta e ramo primário por planta.

4. ESTUDOS DE DIVERSIDADE GENÉTICA

A magnitude da divergência entre dois grupos em consideração é fornecida pela estatística D^2 desenvolvida por Mahalanobis (1936). Considera a variação produzida por qualquer carácter e o consequente efeito que tem sobre outros caracteres. A técnica sob a forma de distância generalizada foi utilizada pela primeira vez por Mahalanobis num inquérito antropométrico da província unida da Índia.

Pela primeira vez, a estatística D2 foi aplicada a uma população biológica por Nair e Mukharji (1960) para classificar os tipos de árvores de teca naturais e plantadas. Mais tarde, a sua aplicação foi alargada a estudos taxonómicos. Murthy e Pavate (1962) observaram que a análise D2 pode ser alargada às situações em que é necessário discriminar espécies que se sobrepõem e também quando é necessária a discriminação ao nível das subespécies.

Gill et al. (1973) referiram que a diversidade genética dos progenitores estava positivamente relacionada com a heterose em F1 na malagueta. Khadi (1983) também relatou heterose não significativa no híbrido cujos pais estavam no mesmo cluster. No entanto, Shifriss e Sacks (1980) relataram que a heterose não estava relacionada com a diversidade.

Singh e Singh (1976) agruparam 45 estirpes de malagueta em 10 grupos. O padrão de agrupamento revelou que as estirpes pertencentes a uma determinada localização geográfica tendiam geralmente a estar no mesmo agrupamento. Observaram uma contribuição máxima do número de ramos, da espessura dos frutos, do número de frutos por planta e da produção por planta para a divergência total.

Com base na estatística D2, Shirshat (1994) agrupou 75 genótipos de malagueta em 28 grupos. A diversidade máxima foi observada como distância inter-agrupamentos. Do mesmo modo, Warade et al. (1997) agruparam 60 cultivares de malagueta obtidas de diferentes regiões ecogeográficas em 9 grupos e observaram uma diversidade máxima devido às distâncias máximas entre grupos. O padrão de agrupamento também revelou que a diversidade geográfica não parece ter uma associação direta com a diversidade genética. Uma comparação da média dos agrupamentos para diferentes caracteres indicou diferenças consideráveis entre os agrupamentos para os caracteres.

Mubarak (2002) agrupou 46 genótipos de malagueta em 13 grupos. Três caracteres, nomeadamente o número de sementes por fruto, a produção de frutos secos por planta e o número de frutos por planta, foram os que mais contribuíram para a diversidade.

Karad et al. (2002) agruparam 40 genótipos de malagueta de origem indígena e exótica em 8 grupos e os valores de D^2 variaram entre 0,1032 e 8,7702. A variância das médias dos grupos revelou que o peso fresco dos frutos e os frutos por planta foram os que mais contribuíram para a divergência.

Prabhudeva (2003) agrupou 36 genótipos em 11 grupos com valores de D^2 variando entre 34,02 e 102,13. Concluiu que a diversidade genética não era um índice da diversidade geográfica através do padrão de agrupamento. A contribuição máxima para a diversidade foi a de frutos por planta, seguida do peso de dez frutos e da altura da planta.

Senapati et al. (2003) agruparam 20 genótipos diversos de malagueta estudados para 11 caracteres em 6 grupos. Observaram uma distância genética máxima entre o grupo II e o grupo VI, o que sugere uma grande diversidade entre estes grupos e quatro caracteres, nomeadamente o peso fresco do fruto, a circunferência do fruto, o comprimento do fruto e o número de frutos por planta, foram os que mais contribuíram para a divergência genética. Manju e Sreelathakumary (2004) agruparam 32 acessos de malagueta em 6 grupos. Entre os caracteres, a produção de frutos por planta contribuiu para a divergência máxima em C. chinense.

Munshi et al. (2005) referiram que a distância máxima entre clusters foi observada entre o cluster-I e o cluster-VIII durante a realização de um estudo sobre a diversidade genética em 30 genótipos de malagueta, o que revelou que os genótipos nestes dois clusters podem ser utilizados em programas de melhoramento múltiplo para recuperar segregantes transgressivos com combinações desejáveis.

Dandunayaka (2008) registou uma elevada amplitude de valores inter-agrupamentos D^2 em estudos de diversidade genética envolvendo sessenta genótipos de malagueta e agrupou-os em 11 agrupamentos. Cinco caracteres, nomeadamente ramos secundários por planta, cor do fruto, teor de clorofila, diâmetro do fruto e dias até 50 % de floração, foram os principais caracteres que contribuíram para a diversidade.

Dutonde et al. (2008) revelaram diferenças substanciais para todos os caracteres em quarenta genótipos de malagueta quando agrupados em sete grupos. A distância máxima entre clusters (D=104,98) foi observada entre o Cluster-IV e o Cluster-VII.

Thul et al. (2009) estudaram 24 acessos de malagueta e agruparam-nos em seis grupos. As três caraterísticas que desempenharam o papel mais importante na diferenciação foram o diâmetro do fruto, o número de frutos por planta e o diâmetro da folha, que podem ser utilizados como marcadores convencionais/morfológicos para melhorar o rendimento da malagueta e obter bons segregantes em programas de melhoramento da malagueta.

Dushyantha et al. (2010), num estudo sobre 25 genótipos de malagueta, agruparam os genótipos em oito constelações. O agrupamento IV registou a distância intra-agrupamento máxima (D=5,91). Sugeriu-se o cruzamento entre os genótipos pertencentes aos agrupamentos III, IV e I para desenvolver variedades de elevado rendimento com outros caracteres desejáveis ou que possam ser utilizados como potenciais dadores para futuros programas de hibridação, a fim de desenvolver uma melhor variedade de malagueta com bom rendimento de frutos.

Kumari et al. (2010) agruparam 94 genótipos em 10 grupos, o que indicou uma diversidade genética considerável no material estudado. O agrupamento I foi o maior, com 24 genótipos, e a distância inter-agrupamentos variou entre 15789,6 (entre o agrupamento II e o agrupamento X) e 856,7 (entre o agrupamento I e o agrupamento II).

Num estudo de divergência genética envolvendo 45 genótipos de malagueta efectuado por Farad et al. (2010), o agrupamento foi feito em 6 grupos. O agrupamento II (D=4,91) tem a maior distância intra-agrupamento e a menor no agrupamento I (D=3,41). Misra et al. (2011) agruparam 38 acessos diversos de malagueta em 7 clusters, onde a diversidade substancial entre os acessos foi indicada pela ampla gama de valores de D^2.

Lahbib et al. (2012) efectuaram estudos de diversidade genética em pimento e revelaram três grupos na análise de agrupamentos. A diversidade pode ser atribuída principalmente às diversas condições agro-climáticas na Tunísia e concluíram que a diversidade intra-regional pode ser uma fonte tão valiosa como a diversidade inter-regional para o melhoramento do pimento.

CAPÍTULO 3

MATERIAIS E MÉTODOS

O presente estudo, intitulado "Genetic divergence studies for yield and quality traits in chilli *(Capsicum annuum* L.)" (Estudos de divergência genética para caraterísticas de rendimento e qualidade da malagueta *(Capsicum annuum* L.)) em condições subtropicais de Jammu, foi efectuado na Vegetable Experimental Farm, Division of Vegetable Science & Floriculture, Faculty of Agriculture, Sher-e-Kashmir University of Agricultural Sciences and Technology, Main Campus, Chatha, Jammu(J&K). Os pormenores relativos ao local de experimentação, ao material utilizado e à metodologia empregue durante o estudo são abordados neste capítulo.

3.1 SÍTIO EXPERIMENTAL

3.1.1 Localização

O campo experimental da Division of Vegetable Science and Floriculture, SKUAST, Jammu está situado a 32o 40'N de latitude e 74o 58' E de longitude e tem uma altitude de 332 m acima do nível médio do mar.

3.1.2 Clima

Agro-climaticamente, o local representa a Zona V de Jammu e Caxemira e é caracterizado por um clima subtropical. A temperatura máxima atinge os 45° C durante o verão (maio a junho) e a temperatura mínima desce para 1° C durante o inverno. A precipitação média anual é de cerca de 1000-1200 mm. Os dados meteorológicos para a época de cultivo são apresentados no Apêndice I e representados na figura 1.

3.2 MATERIAL EXPERIMENTAL

O material experimental incluía 18 genótipos diversos de malagueta colhidos em diferentes partes do país, para além de algumas colecções locais. Os pormenores dos genótipos, juntamente com a sua origem, são apresentados a seguir:

Genótipo	Fonte
LCA-206	Lam, Guntur
LCA-305	Lam, Guntur
LCA-334	Lam, Guntur
LCA-353	Lam, Guntur
LCA-960	Lam, Guntur
G-3	Lam, Guntur
G-4	Lam, Guntur
CCH-05-01	SKUAST-Jammu

Pimenta de cereja	Sikkim
Punjab Surkh	PAU, Ludhiana
DKC-8	UHF, Nauni, Solan
Seleção-1	Seleção de H. P.
Seleção-2	Seleção de H. P.
Seleção-3	Seleção de H. P.
SJPC	Karlah, Jammu
SJC-01	Karlah, Jammu
SJC-02	Karlah, Jammu
Seleção local de Jammu	Variedade do agricultor

3.3 CONCEPÇÃO EXPERIMENTAL

O material experimental, composto por 18 genótipos de malagueta, foi transplantado em blocos aleatórios com três repetições durante a primavera verão de 2012-2013 na quinta experimental da Divisão de Ciências Vegetais e Floricultura, SKUAST-Jammu. Todos os 18 genótipos foram plantados numa parcela de 3,0 m x 2,25 m com um espaçamento de 60 cm entre linhas e 45 cm entre plantas.

3.3.1 Sementeira e transplantação em viveiro

O viveiro foi semeado no mês de janeiro de 2012 em viveiros elevados em condições protegidas na quinta experimental da Divisão de Ciência Vegetal e Floricultura, SKUAST-Jammu. As plântulas saudáveis foram transplantadas em 28th março de 2013.

3.3.2 Práticas culturais

Para além da aplicação de estrume de quintal (FYM) @ 20 toneladas/ha, os fertilizantes químicos foram aplicados de acordo com as recomendações nos pacotes de práticas da Divisão de Ciência Vegetal e Floricultura, SKUAST-Jammu (100 kg N, 60 kg P, 30 kg K). O estrume do quintal foi misturado na altura da transplantação juntamente com 1/2 dose de N e dose completa de P2O5 e MoP. A restante 1/2 dose de N foi aplicada em cobertura após a primeira colheita de frutos. Outras operações interculturais foram efectuadas de acordo com o pacote de práticas de tempos a tempos.

3.3.3 Controlo de pragas

A aplicação no solo de grânulos de forato @ 1,0 kg/kannal foi feita duas vezes. A primeira no dia do transplante e a outra com uma semana de intervalo para controlar os vermes de corte.

3.4 OBSERVAÇÕES EXPERIMENTAIS

Foram registados dados relativos a vários caracteres, nomeadamente dias até à floração a 50 %, dias até à frutificação, número total de frutos por planta, peso médio dos frutos (g), comprimento dos frutos (cm), diâmetro dos frutos (cm), comprimento do pedúnculo (cm), dispersão da planta (cm^2), número de ramos primários por planta, altura da planta (cm), número de sementes por fruto, produção de frutos por planta (g), produção de frutos por parcela (g), produção de frutos por hectare (q), percentagem de capsaicina e ácido ascórbico (mg/100g). Para todas as caraterísticas, com exceção da percentagem de capsaicina e do ácido ascórbico, foram registadas observações sobre as caraterísticas de cinco plantas marcadas selecionadas aleatoriamente de cada parcela em cada repetição, mas para a capsaicina e o ácido ascórbico foi retirada uma amostra aleatória de cinco frutos por entrada e por repetição, da terceira à quarta colheita, tendo sido calculadas as médias para análise estatística, de acordo com as fórmulas dadas por Panse e Sukhatmea (1967). O procedimento de registo das observações relativas a dezasseis parâmetros é apresentado nos respectivos subtítulos:

3.4.1 Parâmetros quantitativos

3.4.1.1Dias até 50 % de floração

O número de dias necessários após o transplante para que 50% das plantas floresçam foi registado como dias para 50% de floração.

3.4.1. 2Dias para a frutificação

Registou-se a data da primeira frutificação em cada planta marcada e calculou-se o número de dias desde a transplantação das plântulas até à primeira floração.

3.4.1. 3Número total de frutos por planta

O número de frutos de cada colheita de cada planta marcada foi reunido e o número total de frutos por planta foi registado.

3.4.1.4Peso médio dos frutos (g)

O peso médio dos frutos foi calculado dividindo a produção total de frutos por planta pelo número total de frutos por planta.

3.4.1. 5Comprimento do fruto (cm)

O comprimento dos frutos de cinco frutos selecionados aleatoriamente de cada planta marcada foi medido da base do fruto até à ponta do fruto (deixando o pedúnculo) utilizando um paquímetro. A média das observações foi calculada para obter o comprimento do fruto.

3.4.1. 6Diâmetro do fruto (cm)

Os frutos utilizados para registar o comprimento foram também utilizados para medir o diâmetro. O diâmetro foi medido a partir da parte média do fruto com a ajuda de um compasso de calibre vernier e o diâmetro médio foi calculado.

3.4.1. 7Comprimento do caule (cm)

O comprimento do pedúnculo de cinco frutos selecionados aleatoriamente de cada planta marcada foi medido em centímetros a partir da base do fruto até ao ponto em que o pedúnculo emerge.

3.4.1.1 Espalhamento das plantas (cm)^2

A dispersão de cinco plantas marcadas foi medida em centímetros como a dispersão média das direcções norte a sul e este a oeste.

3.4.1.2 Número de ramos primários por planta

O número de ramos que surgem do tronco principal acima do nível do solo aquando da colheita foi registado como número de ramos primários e expresso em números.

3.4.1.3 Altura da planta (cm)

A altura de cinco plantas marcadas foi medida em centímetros, desde o nível do solo até à ponta da planta, no momento da colheita final, utilizando uma escala métrica.

3.4.1.4 Número de sementes por fruto

O número de sementes de cinco frutos selecionados aleatoriamente de cada planta marcada foi contado e calculada a média.

3.4.1.5 Produção de frutos por planta (g)

A produção de frutos de malagueta de todas as colheitas de cinco plantas marcadas para cada entrada foi pesada e calculada a média para obter a produção por planta e registada em gramas.

3.4.1.6 Produção de frutos por parcela (g)

A produção de frutos por parcela foi calculada multiplicando a produção de frutos por planta pelo número de plantas por parcela.

3.4.1.7 Rendimento de frutos por hectare (q/ha)

O rendimento de frutos por hectare foi calculado multiplicando o rendimento de frutos por planta pelo número de plantas por hectare.

3.4.2 Parâmetro de qualidade

3.4.2.1 Estimativa do ácido ascórbico (mg/100gm)

O teor de ácido ascórbico nos frutos verdes da malagueta foi estimado de acordo com o método sugerido por Sadasivam e Theymoli (1987).

Reagentes:

> Ácido oxálico 4%

> Solução de corante: Dissolveram-se separadamente 42 mg de bicarbonato de sódio e 52 mg de 2,6-dicloro-fenol indofenol numa pequena quantidade de água destilada, misturaram-se e o volume foi aumentado para 200 ml com água destilada.

Método

O ácido ascórbico foi determinado por titulação de um peso conhecido de amostra com o corante 2, 6-dicloro fenol indofenóis, utilizando ácido oxálico como agente estabilizador.

Tomou-se um peso conhecido de amostra (0,5 g) e triturou-se com uma pistola e um almofariz em 10 ml de ácido oxálico a 4 %. O extrato foi filtrado e o volume foi completado para 100 ml. Tomou-se 10 ml de uma alíquota e adicionou-se 10 ml de ácido oxálico a 4 %, que foi titulado com o corante 2,6-dicloro-fenol-indofenóis. O fator de coloração foi calculado através da titulação do teor de ácido ascórbico padrão da amostra e foi expresso como

$$\text{Ácido ascórbico (mg/100gm)} = \frac{\text{Valor do título}^{x}\ \text{fator de coloração}^{x}\ \text{volume constituído}}{\text{Peso total da amostra}^{x}\ \text{alíquota da amostra}}$$

3.4.2.2 Estimativa da capsaicina (%)

A estimativa da capsaicina foi efectuada pelo método do ácido fosfomolíbdico sugerido por (Sadasivam e Manickam, 1992).

Reagentes:

> 0,4% de hidróxido de sódio

> 3% Ácido fosfomolíbdico

> Acetona seca: 25 g de sulfato de sódio anidro foram adicionados a 500 ml de acetona pelo menos um dia antes da utilização.

> Solução-mãe padrão de capsaicina: Dissolveram-se 50 mg de capsaicina em 50 ml de solução de hidróxido de sódio a 0,4%.

Método

Extraiu-se 0,5 g de malagueta seca em pó com 10 ml de acetona seca (acetona isenta de água obtida após tratamento com Na_2SO_4 anidro), agitando durante 3 horas num agitador mecânico, centrifugou-se o conteúdo a 10 000 rpm durante 10 minutos e evaporou-se o sobrenadante até à secura num banho de água quente. O resíduo foi novamente dissolvido em 5 ml de solução de hidróxido de sódio a 0,4 % e 3 ml de solução de ácido fosfomolíbdico a 3 %. O conteúdo foi agitado à mão e mantido em repouso durante 1 hora, sendo depois centrifugado a 5000 rpm durante 15 minutos e a absorvância do sobrenadante de cor azul medida a 650 nm em relação a um branco de reagente. O teor de capsaicina foi calculado utilizando uma curva de calibração com uma capsaicina de elevada pureza.

3.5 ANÁLISE ESTATÍSTICA

Os valores médios de todas as cinco plantas de vários genótipos foram submetidos a análise estatística no laboratório de informática da Universidade de Ciências e Tecnologias Agrícolas de Sher-e- Kashmir de Jammu, Chatha, Jammu e foram analisados de acordo com Gomez e Gomez (1976).

A análise de variância foi a seguinte:

Source of Variation	**Df**	**Mean sum of squares**	**Variance ratio**
Replications (r)	r-1	Mr	Mr/Me
Treatments (t)	t-1	Mt	Mt/Me
Error	(r-1) (t-1)	Me = Ve	

Onde,

r = Número de replicações t = Número de tratamentos

Ve = Erro de variância

O valor 'F' observado foi comparado com o valor tabelado para avaliar a significância. Todos os caracteres que diferiram significativamente foram utilizados para a estimativa dos seguintes parâmetros genéticos:

i) Coeficiente de variabilidade (fenotípica e genotípica)

ii) Hereditariedade

iii) Ganho genético

iv) Coeficientes de correlação

v) Coeficientes de trajetória

vi) Diversidade genética

3.5.1 Coeficientes de variabilidade

Os coeficientes de variabilidade genotípica e fenotípica foram calculados de acordo com o método sugerido por Burton e DeVane (1953).

Coeficientes de variabilidade genotípica

GCV = (Vg / x) x 100

Coeficientes de variabilidade fenotípica

PCV = (Vp / x) x 100

Onde,

Vg = Variância genotípica (Mt - Me)/r

Vp = Variância fenotípica (Vg + Ve)

X = Média da população.

O PCV e o GCV foram classificados como sugerido por Shivasubramanian e Menon (1973) da seguinte forma:

0 - 10% - Baixo

10-30 % - Moderado

30% e superior - Elevado

3.5.2 Hereditariedade

A hereditariedade em sentido lato foi calculada de acordo com as fórmulas dadas por Allard (1960).

H = (Vg / Vp) x 100

Onde,

H = Hereditariedade (%)

Vg = Variância genotípica (Mt - Me)/r

Vp = Variância fenotípica (Vg + Ve)

A percentagem de hereditariedade foi categorizada conforme demonstrado por Robinson et al. (1949).

0-30% - Baixo

30-60% - Moderado

60% e superior - Elevado

3.5.3 Avanço genético

O avanço genético esperado (AG) resultante da seleção de cinco por cento de indivíduos superiores foi calculado de acordo com Allard (1960).

GA = H x p x K

Onde,

P = desvio padrão fenotípico

K = 2,06 (diferencial de seleção a 5 por cento de intensidade de seleção)

H = Hereditariedade

3.5.4 Ganho genético

O avanço genético expresso em percentagem da média da população foi calculado pela fórmula sugerida por Johnson et al., (1955b).

GG = (GA) / x) x 100

Onde,

GG = Ganho genético (%)

X = Média da população

3.5.5 Correlação

Os coeficientes de correlação genotípica e fenotípica foram calculados de acordo com Al-Jibouri et al. (1958), utilizando a análise da tabela de variância-covariância, tal como aqui indicado:

Source of Variation	**Df**	**MSS** x	**MSS** y	**Mean sum of products**
Replications	(r-1)	Mgx	Mgy	Mgxy
Genotypes/enteries	(t-1)	Mex	Mey	Mexy
Error	(r-1) (t-1)			

Onde,

Covariância genotípica (CoVgxy) = (Mgxy - Mexy) / r

Covariância fenotípica (CoVpxy) = Covgxy + Covexy

Coeficiente de correlação fenotípica

rg = CoVpxy / Vpx x Vpy

Onde,

CoVpxy = Covariância fenotípica entre os caracteres x & y

Vpx = Variância fenotípica do carácter x

Vpy = Variância fenotípica do carácter y

Coeficientes de correlação genotípica

Vg = CoVgxy / vgx x Vgy

Onde,

CoVgxy=Covariância genotípica entre os caracteres x &y

Vgx=Variância genotípica do carácter x

Vgy=Variância genotípica do carácter y

Os coeficientes de correlação calculados (r) foram comparados com os valores tabelados de "r" (Fisher e Yates, 1963) com (n - 2) graus de liberdade a um nível de significância de 5 % ou 1 %. Se os valores calculados de "r" a 5 % fossem superiores ao valor tabelado de "r", a correlação era considerada significativa.

3.5.6 Análise do coeficiente de caminho

Os caracteres que apresentam uma correlação genotípica significativa com o rendimento/por planta foram utilizados para calcular a contribuição direta e indireta.

Os caminhos diretos e indirectos foram obtidos segundo Dewey e Lu (1959). Os coeficientes de caminho foram obtidos pela seleção simultânea das seguintes equações, que exprimem a relação básica entre a correlação genotípica (r) e os coeficientes de caminho (p)

$r_{14} = p_{14} + p\ r_{2412} + p_{34}\ r_{13}$

$r_{24} = p_{14}\ r_{21} + p_{24} + p_{34}\ r_{23}$

$r_{34} = p\ r_{1431} + P_{24}\ r_{32}\ P_{34}$

onde, r_{14} ,r_{24} e r_{34} são a correlação genotípica dos caracteres componentes com o rendimento (variável dependente) e r_{12} , r_{13} e r_{23} são as correlações genotípicas entre os caracteres componentes (variáveis independentes).

Os efeitos diretos foram calculados através do seguinte conjunto de equações:

$P_{14} = C\ r_{1114} + C\ r_{1224} + C_{13}\ r_{34}$

$P_{24} = C\ r_{2114} + C\ r_{2224} + C_{23}\ r_{34}$

$P_{34} = C\ r_{3114} + C\ r_{3224} + C_{33}\ r_{34}$

Em que, C_{11} ,C_{12} , C_{22} , C_{23} e C_{33} são constantes derivadas utilizando a abreviatura Doolittles Técnica explicada por Goulden, 1959.

$r\ P$, $r_{12241334}$, $Pr\ P_{2114}$, $r\ p$, r_{233431} p14 er P_{3224} são efeitos indirectos.

Efeitos residuais

$1 = p2x4 + p14\ 2 + p24\ 2 + p34\ 2 + 2p14\ r12\ p24 + 2p14\ r13\ p34 + 2p24\ r23\ P34$

3.5.7 Diversidade genética

Mahalanobis D^2 análise

A análise estatística D^2 - de Mahalanobis (1936) foi utilizada para avaliar a divergência genética entre os indivíduos testados. A distância generalizada entre duas populações quaisquer é dada pela fórmula,

D2 = ZZ Msj

Onde, D^2 = Quadrado da distância generalizada

λ_{ij} = Recíproco da matriz de dispersão comum

s^{ai} = (μi 1 - μi2)

s^{aj} = (μj 1- μj2)

μ= Média geral

Uma vez que a fórmula de cálculo requer a inversão do determinante de ordem superior, procedeu-se à transformação das médias de caracteres originais correlacionadas e não padronizadas (Xs) em variáveis padronizadas não correlacionadas (Ys) para simplificar o procedimento de cálculo. Os valores de D^2 foram obtidos como os valores correspondentes não correlacionados (Ys) de quaisquer dois genótipos (Rao, 1952).

3.5.7.1 Agrupamento de D^2 Valores

Todos os n (n-1)/2 valores de D foram agrupados utilizando o método de Toucher, tal como descrito por Rao (1952).

Distância intra-agrupamento

A distância intra-agrupamento foi calculada segundo a fórmula de Singh e Chaudhary (1977).

Quadrado da distância intra-agrupamento = $\Sigma Di / n^2$

ΣDi^2 = a soma da distância entre todas as combinações possíveis.

n = Número de todas as combinações possíveis.

Distância inter-agrupamentos

A distância inter-agrupamentos foi calculada segundo as fórmulas descritas por Singh e Chaudhary (1977).

Quadrado da distância inter-agrupamentos $=\Sigma Di / n^2_{i\ nj}$

Onde,

ΣDi^2 é a soma das distâncias entre todas as combinações possíveis ($_{ninj}$) das entradas incluídas no estudo de agrupamento.

$_{ni}$ = Número de registos no agrupamento i

nj = Número de entradas no cluster j

CAPÍTULO 4

RESULTADOS

A malagueta é uma das mais importantes culturas hortícolas e de especiarias cultivadas na Índia, com grande potencial de exportação. O presente estudo, intitulado "Estudos de divergência genética para caraterísticas de rendimento e qualidade da malagueta *(Capsicum annuum* L.)", foi realizado para avaliar vários genótipos em termos de caraterísticas quantitativas e qualitativas. Os resultados obtidos são explicados nos pontos seguintes:

4.1: Avaliação de genótipos.

4.2: Parâmetros de variabilidade.

4.3: Correlações.

4.4: Análise do coeficiente de caminho.

4.5: Divergência genética.

A análise de variância para dezasseis caraterísticas é apresentada no apêndice II e representada na figura 1. Os valores de "F" revelaram diferenças significativas entre os genótipos para todos os caracteres em estudo, nomeadamente dias até 50 % de floração, dias até à frutificação, número total de frutos por planta, peso médio dos frutos, comprimento dos frutos, diâmetro dos frutos, comprimento do pedúnculo, dispersão da planta, número de ramos primários por planta, altura da planta, número de sementes por fruto, produção de frutos por planta, produção de frutos por parcela e produção de frutos por hectare, percentagem de capsaicina e ácido ascórbico. Os valores médios obtidos para vários caracteres são apresentados no Quadro 1.

4.1 AVALIAÇÃO DE GENÓTIPOS

4.1.1 Dias até 50 % de floração

A Tabela 1 mostra o desempenho médio de vários genótipos para dias até 50 % de floração. A média variou de 25,67 dias em SJPC a 77,33 dias em Selection-3, com uma média geral de 52,28. O SJC-01 (30,00 dias) foi considerado estatisticamente igual ao SJPC, que levou o mínimo de dias para 50% de floração, ou seja, 25,67.

4.1. 2Dias para a frutificação

Os dados obtidos para dias para frutificação revelaram diferenças significativas (Tabela 1). O desempenho médio dos vários genótipos para o carácter variou de 25,33 dias em

Quadro 1: Desempenho médio de vários caracteres quantitativos e qualitativos em estudo na malagueta.

Genotypes/ Cultivar	Days to 50% flowering	Days to fruiting	Total number of fruits per plant (g)	Average fruit weight (g)	Fruit length (cm)	Fruit diameter (cm)	Stalk length (cm)	Plant spread (cm^2)
Punjab Surkh	43.33	38.67	99.71	2.57	4.44	1.10	2.20	1954.95
DKC -8	54.33	57.33	95.12	1.57	4.59	0.90	2.71	1070.55
Selection-1	50.67	47.33	42.45	2.53	5.36	1.33	2.45	1591.18
Selection-2	59.00	60.67	142.73	4.72	6.51	1.61	3.02	2037.72
Selection-3	77.33	79.33	47.65	5.76	5.68	1.71	2.56	1831.96
SJPC	25.67	25.33	106.66	5.36	5.79	1.63	2.38	1436.68
SJC-01	30.00	34.33	164.69	3.99	4.34	1.61	2.56	1780.81
SJC 02	54.67	51.33	56.86	1.68	2.67	1.12	1.46	2344.38
Cherry pepper	50.67	63.67	11.90	1.61	2.38	1.26	1.94	683.73
CCH -05-01	44.33	56.33	298.23	1.44	4.67	0.94	1.81	1797.46
G-4	43.67	46.67	54.03	1.42	6.23	0.77	2.73	1483.73
LCA-206	76.67	70.00	72.98	2.84	4.55	1.34	2.48	1201.68
LCA-305	45.00	47.00	93.10	4.48	7.95	1.22	2.27	1810.99
LCA-334	55.00	46.00	24.72	1.79	7.66	0.73	2.65	1731.57
LCA-353	46.33	46.33	335.87	1.74	4.52	1.09	2.24	2119.44
LCA-960	56.00	45.67	65.03	4.78	6.84	1.47	2.77	1151.48
Jammu Local Selection	53.33	57.67	131.87	2.39	4.54	1.12	2.35	2152.44
G-3	75.00	71.33	16.03	1.32	5.92	0.69	3.10	1504.67
General Mean	52.28	52.50	103.31	2.89	5.26	1.20	2.43	1649.20
SE m±	2.51	3.13	27.41	0.2	0.28	0.05	0.12	346.13
CV	5.89	7.31	15.52	8.53	6.61	5.42	6.46	19.88
CD	5.18	6.45	56.46	0.41	0.58	0.10	0.25	713.03

Table 1: Desempenho médio de vários caracteres quantitativos e qualitativos em estudo na malagueta. (Conti...)

Genotypes/ Cultivar	Number of primary branches per plant	Plant height (cm)	Number of seeds per fruit	Capsaicin percentage	Ascorbic acid (mg/100g)	Fruit yield per plant (g)	Fruit yield per plot (g)	Fruit yield/ha (q/ha)
Punjab Surkh	6.89	58.71	35.34	0.18	121.81	254.61	2546.10	37.72
DKC -8	6.40	47.06	41.23	0.23	176.41	149.39	1493.87	22.13
Selection-1	6.61	54.79	35.48	0.21	78.23	106.19	1061.90	15.73
Selection-2	5.50	66.55	60.78	0.10	115.86	682.54	6825.37	101.12
Selection-3	5.83	63.27	31.64	0.13	103.64	275.89	2758.87	40.87
SJPC	5.95	59.71	23.20	0.08	85.10	570.88	5708.77	84.57
SJC-01	5.95	60.21	13.00	0.05	86.53	662.54	6625.37	98.15
SJC 02	5.72	62.96	36.11	0.09	78.02	95.14	951.43	13.80
Cherry pepper	4.89	37.42	38.83	0.31	109.85	18.54	185.43	2.75
CCH -05-01	5.00	55.94	33.81	0.09	108.59	429.77	4297.73	63.67
G-4	5.36	56.52	27.92	0.14	97.37	76.26	762.57	11.30
LCA-206	4.56	60.01	39.45	0.14	87.73	206.17	2061.73	30.54
LCA-305	5.42	53.49	53.78	0.10	133.08	421.38	4213.83	62.43
LCA-334	3.17	63.64	22.67	0.22	63.00	44.21	442.13	6.55
LCA-353	5.13	64.95	28.11	0.26	56.32	572.38	5723.83	84.80
LCA-960	5.17	59.96	57.39	0.08	128.98	310.45	3104.50	45.99
Jammu Local Selection	4.75	73.75	39.61	0.12	108.20	316.12	3161.23	46.83
G-3	5.75	56.88	25.61	0.10	188.37	20.85	208.53	3.09
General Mean	5.45	58.66	35.77	0.15	107.06	289.63	2896.29	42.89
SE m±	0.66	4.36	7.64	0.01	2.02	87.06	870.64	12.90
CV	15.04	9.1	17.91	10.9	2.31	20.77	20.77	20.77
CD	1.36	8.98	15.74	0.02	4.16	179.34	1793.52	26.57

Table 2: Estimativas dos parâmetros de variabilidade para vários caracteres quantitativos e qualitativos da malagueta.

Characters	Mean ± SE	Range	Coefficient of variation (%)		Hert. % (BS)	Genetic Advance	Genetic gain
			PCV	GCV			
Days to 50% flowering	52.28 ± 2.51	25.67 - 77.33	27.21	26.56	95.30	27.93	53.42
Days to fruiting	52.50 ± 3.13	25.33 - 79.33	26.47	25.44	92.40	26.44	50.36
Total number of fruits per plant	103.31 ± 27.41	11.90 - 335.87	90.04	83.97	87.00	166.67	161.33
Average fruit weight (g)	2.89 ± 0.20	1.32 - 5.76	53.33	52.64	97.40	3.09	106.92
Fruit length(cm)	5.26 ± 0.28	2.38 - 7.95	28.85	28.08	94.70	2.96	56.27
Fruit diameter	1.20 ± 0.05	0.69 - 1.71	27.09	26.54	96.00	0.64	53.33
Stalk length	2.43 ± 0.12	1.46 - 3.10	17.66	16.43	86.60	0.76	31.27
Plant spread	1649.19 ± 346.13	683.73 - 2344.38	33.39	21.32	40.70	462.30	28.03
Number of pri. Branches/plant	5.45 ± 0.66	3.17 - 6.89	19.87	12.99	42.70	0.95	17.43
Plant height	58.66 ± 4.36	37.42 - 73.75	15.29	12.28	64.50	11.92	20.32
Number of seeds per fruit	35.77 ± 7.64	13.00 - 60.78	40.50	30.93	58.30	17.41	48.67
Capsaicin percentage	0.15 ± 0.01	0.05 - 0.31	50.09	48.88	95.30	0.14	93.34
Ascorbic acid (mg/100g)	107.06 ± 2.02	56.32 - 188.37	32.46	32.37	99.50	71.22	66.52
Fruit yield per plant (g)	289.63 ± 87.06	18.54 - 682.58	82.50	73.82	80.10	394.16	136.09
Fruit yield per plot (g)	2896.29 ± 870.64	185.43 - 6825.37	82.50	73.82	80.10	3941.65	136.09
Fruit yield per ha(q/ha)	42.89 ± 12.90	2.75 - 101.12	82.57	73.89	80.10	58.42	136.21

Quadro 3: Coeficientes de correlação fenotípica (P) e genotípica (G) entre vários caracteres qualitativos e quantitativos da malagueta.

Character		Days to 50 % flowering	Days to fruiting	Total Number of fruits per plant	Average fruit weight (g)	Fruit length (cm)	Fruit diameter (cm)	Stalk length (cm)	Plant spread (cm^2)	Number of Primary branches per plant	Plant height (cm)	Number of seeds/ fruit	Capsaicin percentage (%)	Ascorbic acid (mg/100g)	Fruit yield per plant (g)
Days to 50% flowering	(G)	-	0.904**	-0.388**	-0.056	0.063	-0.098*	0.315**	-0.135*	-0.244**	0.113*	0.310**	0.084*	0.308**	-0.477**
	(p)	-	0.884**	-0.349**	-0.054	0.045	-0.094*	0.288**	-0.051	-0.171*	0.099*	0.242**	0.090*	0.300**	-0.403**
Days to fruiting	(G)		-	-0.228**	-0.134**	-0.130**	-0.091*	0.162**	-0.181**	-0.221**	-0.076*	0.288**	0.159**	0.362**	-0.391**
	(p)		-	-0.222**	-0.123**	-0.141**	-0.074	0.146**	-0.105**	-0.141*	-0.066	0.219**	0.163**	0.351**	-0.349**
Total number of fruits per plant	(G)			-	-0.073	-0.143**	0.028	-0.279**	0.575**	-0.031	0.359**	-0.081*	-0.049	-0.267**	0.689**
	(p)			-	-0.063	-0.132**	0.040	-0.223**	0.258**	0.006	0.186	-0.070	-0.070	-0.253**	0.707**
Average fruit weight (g)	(G)				-	0.421**	0.866**	0.265**	0.057	0.227**	0.291**	0.314**	-0.492**	-0.056	0.593**
	(p)				-	0.399**	0.843**	0.255**	0.064	0.152*	0.236**	0.219**	-0.476**	-0.056	0.558**
Fruit length (cm)	(G)					-	-0.033	0.658**	0.071	-0.265**	0.269**	0.262**	-0.304**	0.132**	0.162**
	(p)					-	-0.043	0.562**	0.028	-0.201**	0.231**	0.167**	-0.286**	0.130**	0.127**
Fruit diameter (cm)	(G)						-	0.014	0.028	0.305**	0.177**	0.222**	-0.306**	-0.253**	0.612**
	(p)						-	0.031	-0.016	0.234**	0.135**	0.205**	-0.304**	-0.249**	0.556**
Stalk length (cm)	(G)							-	-0.310**	0.010	0.177**	0.073	-0.118**	0.419**	0.045
	(p)							-	-0.170*	-0.005	0.112**	0.089*	-0.121**	0.382**	0.080*

Plant spread (cm^2)	**(G)** **(p)**								- -	0.043 0.068	0.791** 0.740**	-0.038 -0.120**	-0.458** -0.254**	-0.427** -0.259**	0.482** 0.276**
Number of primary branches per plant	**(G)** **(p)**									- -	-0.261** -0.152**	0.077* -0.042	-0.180** -0.096*	0.413** 0.275**	0.147** 0.123**
Plant height (cm)	**(G)** **(p)**										- -	-0.024 -0.067	-0.531** -0.388**	-0.392** -0.312**	0.471** 0.304**
Number of seeds per fruit	**(G)** **(p)**											- -	-0.060 -0.075*	0.378** 0.281**	0.122** 0.040
Capsaicin %	**(G)** **(p)**												- -	-0.140** -0.138**	-0.430** -0.397**
Ascorbic acid (mg/100g)	**(G)** **(p)**													- -	-0.220** -0.201**
Fruit yield per plant (g)	**(G)** **(p)**														- -

****Significant at 1% level of significance**

***Significant at 5% level of significance**

Quadro 4: Estimativa dos efeitos diretos e indirectos de vários caracteres quantitativos e qualitativos na produção de frutos da malagueta.

Character	Days to 50 % flowering	Days to fruiting	Total no. of fruits/ plant	Av. fruit weight	Fruit length	Fruit diameter	Stalk length	Plant spread	No. of primary branches per plant	Plant height	Number of seeds/ fruit	Genotypic correlation coefficient of Fruit yield/ plant
Days to 50% flowering	**-0.354**	0.102	0.110	0.012	0.003	0.090	0.061	0.056	-0.460	0.012	0.023	-0.477**
Days to fruiting	-0.185	**0.312**	0.165	-0.268	-0.120	0.126	-0.133	0.079	0.059	-0.083	0.121	-0.391**
Total no. of fruits/ plant	-0.261	-0.218	**0.401**	-0.121	-0.106	0.001	0.115	0.120	0.001	0.249	-0.021	0.689**
Av. fruit weight	0.002	0.091	0.101	**0.324**	-0.261	0.208	0.067	0.007	0.126	0.191	0.114	0.593**
Fruit length	0.006	-0.103	-0.323	0.221	**-0.321**	0.003	0.158	0.006	-0.105	-0.069	0.617	0.162**
Fruit diameter	-0.109	-0.091	0.018	0.337	0.006	**-0.345**	0.158	0.009	-0.085	0.209	0.162	0.612**
Stalk length	-0.105	-0.102	-0.201	0.215	0.105	0.001	**0.013**	0.006	0.185	0.096	0.102	0.045
Plant spread	-0.098	-0.081	0.215	0.005	0.008	0.018	-0.110	**-0.016**	0.001	0.056	0.007	0.482**
No. of primary branches per plant	-0.081	-0.101	-0.004	0.200	0.102	-0.115	0.001	0.004	**0.095**	0.621	-0.003	0.147**
Plant height	0.012	-0.021	0.139	0.109	0.068	0.110	0.077	0.281	0.106	**-0.217**	0.036	0.471**
Number of seeds/ fruit	0.018	0.104	-0.061	0.032	0.019	0.022	0.018	0.311	0.102	0.015	**0.101**	0.122**

**** Significant at 1% level of significance**

Residual effect: 0.1095

Quadro 5: Agrupamento de dezoito genótipos de malagueta com base na estatística D^2 .

Cluster	No. of Genotypes	Name
I	2	SJPC, SJC-01
II	5	Punjab Surkh, Selection-1, SJC-02, G-4, LCA-334
III	4	Selection-2, Selection-3, LCA-305, LCA-960
IV	4	DKC-8, Cherry pepper, LCA-206, G-3
V	3	CCH-05-01, LCA-353, Jammu Local Selection

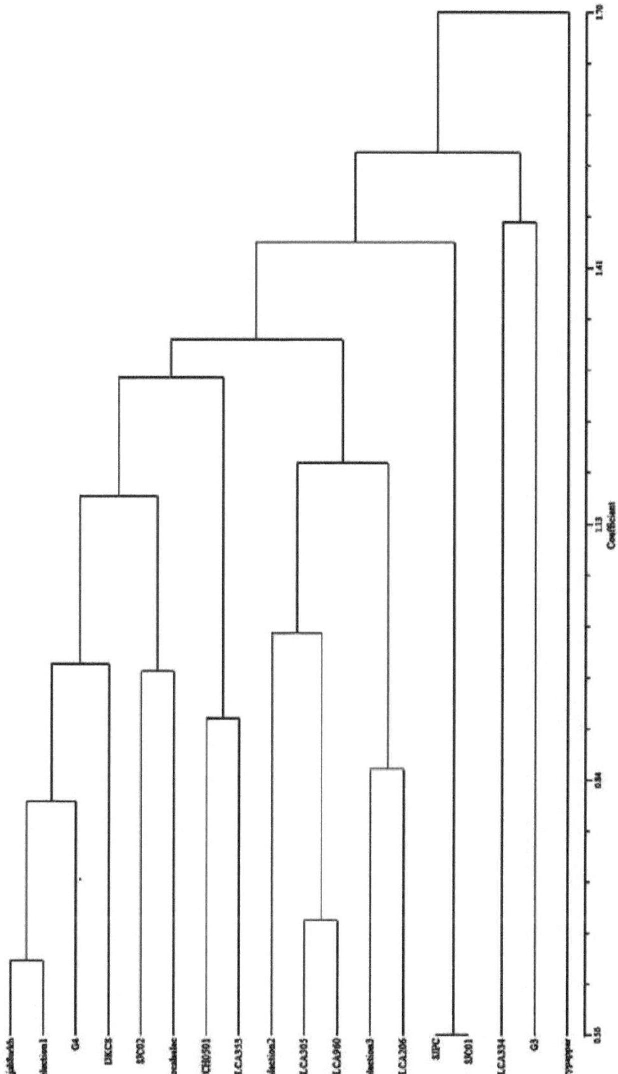

Figura 2: Dendrograma que mostra o agrupamento entre os genótipos de malagueta.

Quadro 6: Média dos grupos para vários caracteres quantitativos e qualitativos da malagueta.

Cluster	Days to 50% flowering	Days to fruiting	Total number of fruits per plant (g)	Average fruit weight (g)	Fruit length (cm)	Fruit diameter (cm)	Stalk length (cm)	Plant spread (cm^2)
I	27.83	29.83	135.67	4.68	5.06	1.62	2.47	1608.75
II	49.47	46.00	55.55	2.00	5.27	1.01	2.30	1821.16
III	59.33	58.17	87.13	4.93	6.74	1.50	2.66	1708.04
IV	64.17	65.58	49.01	1.83	4.36	1.05	2.56	1115.16
V	48.00	53.44	255.32	1.86	4.57	1.05	2.13	2023.12

Cluster	Number of primary branches per plant	Plant height (cm)	Number of seeds per fruit	Capsaicin percentage	Ascorbic acid (mg/100g)	Fruit yield per plant (g)	Fruit yield per plot (g)	Fruit yield/ha (q/ha)
I	5.95	59.96	18.10	0.07	85.82	616.71	6167.07	91.36
II	5.55	59.32	31.50	0.17	87.69	115.28	1152.83	17.02
III	5.48	60.82	50.90	0.10	120.39	422.56	4225.64	62.60
IV	5.40	50.34	36.28	0.20	140.59	98.74	987.39	14.63
V	4.96	64.88	33.85	0.16	91.04	439.43	4394.27	65.10

Tabela 7: Valores médios das distâncias intra (a negrito) e inter clusters (D^2 Values).

Cluster	I	II	III	IV	V
I	**(1.040)**	30.130	22.193	48.889	21.902
II		**(7.469)**	19.088	10.667	13.286
III			**(5.683)**	22.677	18.430
IV				**(9.278)**	26.092
V					**(4.423)**

Table 8: Contribuição percentual dos caracteres quantitativos e qualitativos para a divergência genética na malagueta

S.No.	Characters	Percentage contribution
1	Days to 50 % flowering	33.89
2	Days to fruiting	17.27
3	Total Number of fruits per plant	12.17
4	Average fruit weight (g)	9.31
5	Fruit length (cm)	7.82
6	Fruit diameter (cm)	7.31
7	Stalk length (cm)	5.09
8	Plant spread (cm^2)	3.52
9	Number of Primary branches per plant	1.7
10	Plant height (cm)	0.95
11	Number of seeds/ fruit	0.62
12	Capsaicin percentage (%)	0.25
13	Ascorbic acid (mg/100g)	0.06
14	Fruit yield per plant (g)	0.03
15	Fruit yield per plot (g)	0.00
16	Fruit yield per ha (q)	0.00

Table 9: Diversos genótipos identificados para vários caracteres quantitativos e qualitativos da malagueta.

Cluster	Genotypes	Traits
I	SJPC, SJC-01	✓ Total number of fruits per plant ✓ Fruit diameter ✓ Number of primary branches per plant ✓ Fruit yield per plant ✓ Fruit yield per plot
III	Selection-2, Selection-3, LCA-305 and LCA-960	✓ Average fruit weight ✓ Fruit length ✓ Stalk length ✓ Number of seeds/fruit
IV	DKC-8, Cherry pepper, LCA-206 and G-3	✓ Days to 50% flowering ✓ Days to fruiting ✓ Capsaicin percentage ✓ Ascorbic acid
V	CCH-05-01, LCA-353 and Jammu Local Selection	✓ Total number of fruits/plant ✓ Plant spread ✓ Plant height

SJPC a 79,33 dias na Seleção-3 com uma média geral de 52,50. Nenhum dos genótipos conseguiu igualar o SJPC, que foi o mais precoce a frutificar.

4.1.3 Número total de frutos por planta

Os genótipos diferiram significativamente quanto ao número total de frutos por planta. Verificou-se um mínimo no Cherry pepper (11,90) e um máximo no LCA-353 (335,87) com uma média geral de 103,31. Apenas um genótipo, o CCH-05-01, com 298,23 frutos por planta, foi estatisticamente igual ao LCA-353.

4.1.4 Peso médio dos frutos

O peso médio dos frutos variou de 1,32 g no G-3 a 5,76 g na Seleção-3, com uma média geral de 2,89. A SJC-01, com peso médio de fruto de 5,36 g, foi considerada estatisticamente igual à Seleção-3.

4.1.5 Comprimento do fruto

Foi observada uma variação significativa no comprimento dos frutos entre os genótipos estudados. A Tabela 1 mostra que o comprimento do fruto variou de 2,38 cm em Cherry pepper a 7,95 cm em LCA-305 com uma média geral de 5,26. O LCA-334, que produziu um comprimento de fruto de 7,66 cm, foi considerado estatisticamente igual ao LCA-305.

4.1.6 Diâmetro do fruto

Os dados obtidos sobre o diâmetro do fruto mostraram diferenças significativas entre os genótipos. O diâmetro variou de 0,69 cm no G-3 a 1,71 cm na Seleção-3, com uma média geral de 1,20 cm. Os genótipos, nomeadamente SJPC (1,63 cm), Seleção-2 (1,61 cm) e SJC-01 (1,61 cm), foram considerados estatisticamente iguais à Seleção-3.

4.1.7 Comprimento do caule

A análise de variância mostrou diferenças significativas entre os genótipos para o comprimento do caule. O comprimento máximo do caule foi registado no G-3, ou seja, 3,10 cm, e o mínimo no SJC-02, ou seja, 1,46 cm, com uma média geral de 2,43. A seleção-2, que produziu um comprimento de caule de 3,02 cm, foi considerada estatisticamente igual à G-3.

4.1.8 Propagação da planta

Foi observada uma variação significativa na dispersão das plantas entre os genótipos estudados. O quadro 1 mostra que a propagação máxima das plantas foi registada no SJC-02 (2344,38 cm^2) e a mínima no Cherry pepper (683,73 cm^2) com uma média geral de 1649,19 cm^2 . Nove genótipos, nomeadamente Jammu Local Selection (2152,44 cm^2), LCA- 353 (2119,44 cm^2), Selection-2 (2037,72 cm^2), Punjab Surkh (1954,95 cm^2), Selection-3 (1831.96 cm^2), LCA-305 (1810.99 cm^2), CCH-05-01 (1797.46 cm^2), SJC-01 (1780.81 cm^2) e LCA-334 (1731.57 cm^2) apresentaram uma dispersão de plantas estatisticamente igual a SJC-02.

1.1.9 Número de ramos primários por planta

As observações registadas para o número de ramos primários por planta revelaram diferenças significativas entre os vários genótipos estudados. O número máximo de ramos primários por planta foi registado no Punjab Surkh (6,89) e o mínimo no LCA-334 (3,17), com uma média geral de 5,45. Sete genótipos, nomeadamente Selection-1 (6,61), DKC-8 (6,40), SJPC (5,95), SJC-01 (5,95), Selection-3 (5,83), G-3 (5,75) e SJC-02 (5,72), foram significativamente iguais ao Punjab Surkh para o carácter.

1.1.10 Altura da planta

Foi observada uma variação significativa na altura das plantas entre os vários genótipos estudados. Registou-se um mínimo de 37,42 cm no Cherry pepper e um máximo de 73,75 cm no Jammu Local Selection, com uma média geral de 58,66 cm. Os genótipos Selection-2 (66,55 cm) e LCA-353 (64,95 cm) apresentaram uma altura de planta estatisticamente igual à do Jammu Local Selection.

1.1.11 Número de sementes por fruto

A análise de variância mostrou diferenças significativas entre os genótipos para o número de sementes por fruto. O número de sementes por fruto variou de 13.00 em SJC-01 a 60.78 em Selection-2 com média geral de 35.77. Dois genótipos, nomeadamente LCA-960 (57,39) e LCA-305 (53,78), produziram número de sementes por fruto estatisticamente a par da Seleção-2.

1.1.12 Produção de frutos por planta

As observações registadas sobre a produção de frutos por planta revelaram uma variação significativa entre os genótipos. A produção máxima de frutos por planta foi registada na Seleção-2 (682,54 g), que foi estatisticamente igual à SJC-01 (662,54 g), LCA-353 (572,38 g) e SJPC (570,88 g), enquanto que a produção mínima de frutos por planta foi registada na Pimenta-cereja (18,54 g). A média geral da produção de frutos por planta foi de 289,63 g.

1.1.13 Produção de frutos por parcela

Foi observada uma variação significativa na produção de frutos por parcela entre os vários genótipos de malagueta (Quadro 2). A produção máxima de frutos por parcela foi registada em Selection-2 (6825,37 g), que foi estatisticamente igual a SJC-01 (6625,37 g), LCA-353 (5723,83 g) e SJPC (5708,77 g), enquanto a produção mínima de frutos por planta foi registada em Cherry pepper

(185,43 g). Foi registada uma média geral de 2896,29 g para a produção de frutos por parcela.

1.1.14 Rendimento de frutos por hectare

A produção média de frutos por hectare variou entre 2,75 q/ha na Cherry pepper e 101,12 q/ha na Seleção-2, com uma média geral de 42,89 q/ha. As cultivares SJC-01 (98,15 q/ha), LCA-353 (84,80 q/ha) e SJPC (84,57 q/ha) foram consideradas estatisticamente iguais à Seleção-2, que registou o rendimento máximo de frutos por hectare.

1.1.15 Percentagem de capsaicina

Os dados obtidos sobre a percentagem de capsaicina revelaram diferenças significativas entre os genótipos estudados para esta caraterística. A percentagem de capsaicina variou entre 0,05 % em SJC-01 e 0,31 % em Cherry pepper, com uma média geral de 0,15 %. Nenhum dos genótipos conseguiu igualar o SJC-01 no que respeita à percentagem de capsaicina.

1.1.16 Ácido ascórbico (mg/100g)

Foi observada uma variação significativa do ácido ascórbico entre os vários genótipos estudados. Registou-se um mínimo no LCA-353, ou seja, 56,32 mg/100g, e um máximo no G-3, ou seja, 188,37 mg/100g, com uma média geral de 107,06 mg/100g. Nenhum dos genótipos forneceu ácido ascórbico estatisticamente a par do G-3.

4.2 PARÂMETROS DE VARIABILIDADE

As estimativas dos coeficientes de variabilidade (fenotípica e genotípica), da hereditariedade (sentido lato), do avanço genético e do avanço genético em percentagem da média foram calculadas para facilitar a seleção para vários caracteres. Os resultados são apresentados no quadro 2.

4.2.1 Coeficiente de variabilidade

As estimativas dos parâmetros de variabilidade genética para vários caracteres da malagueta revelaram que o coeficiente de variabilidade fenotípica era mais elevado do que o coeficiente de variabilidade genotípica para todos os caracteres em estudo. Os coeficientes de variabilidade fenotípica e genotípica foram elevados para o número total de frutos por planta (90,04 % e 83,97 %), a produção de frutos por hectare (82,57 % e 73,89 %), a produção de frutos por parcela (82,50 % e 73.82 %), produção de frutos por planta (82,50 % e 73,82 %), peso médio dos frutos (53,33 % e 52,64 %), percentagem de capsaicina (50,09 % e 48,88 %), número de sementes por fruto (40,50 % e 30,93

%) e ácido ascórbico (32,46 e 32.37), enquanto que para os restantes caracteres, nomeadamente, dispersão da planta (33,39 e 21,32), comprimento do fruto (28,85 e 28,08), dias até 50% de floração (27,21 e 26,56), diâmetro do fruto (27,09 e 26,54), dias até à frutificação (26.47 e 25,44), número de ramos primários por planta (19,87 e 12,99), comprimento do pedúnculo (17,66 e 16,43) e altura da planta (15,29 e 12,28) foram observados valores moderados de coeficiente de variabilidade fenotípica e genotípica.

4.2.2 Hereditariedade

A hereditariedade em sentido lato variou de 40,70 % na propagação da planta a 99,50 % no ácido ascórbico. Observou-se alta herdabilidade para todas as caraterísticas, a saber: ácido ascórbico (99,50 %), peso médio dos frutos (97,40 %), diâmetro dos frutos (96,00 %), dias até 50 % de floração (95,30 %), porcentagem de capsaicina (95,30 %), comprimento dos frutos (94.70 %), dias para frutificação (92,40 %), número total de frutos por planta (87,00 %), comprimento do pedúnculo (86,60 %), produção de frutos por planta (80,10 %), produção de frutos por parcela (80,10 %) e produção de frutos por ha (80,10 %), altura da planta (64,50 %). Foi moderado para as restantes caraterísticas, ou seja, número de sementes por fruto (58,30 %), número de ramos primários por planta (42,70 %) e dispersão da planta (40,70 %).

4.2.3 Avanço genético

O quadro 3 mostra o avanço genético em percentagem da média, que variou de 17,43 % (número de ramos primários por planta) a 161,33 % (número total de frutos por planta). Avanços genéticos elevados em percentagem da média foram encontrados para o número total de frutos por planta (161,33 %), produção de frutos por hectare (136,21 %), produção de frutos por parcela (136,09 %), produção de frutos por planta (136,09 %), peso médio dos frutos (106,92 %) e capsaicina (93,34 %). Avanço genético moderado em percentagem da média foi observado para ácido ascórbico (66,52 %), comprimento do fruto (56,27 %), dias para 50% de floração (53,42 %), diâmetro do fruto (53,33 %) e número de sementes por fruto (48,67 %). Foi considerado baixo para os restantes caracteres em estudo.

4.3 CORRELAÇÕES

Os coeficientes de correlação fenotípica e genotípica entre dezasseis caracteres da malagueta foram calculados e são apresentados no quadro 3. Os coeficientes de correlação genotípica foram mais elevados do que os fenotípicos para quase todos os caracteres em estudo.

4.3.1 Correlação genotípica

Os coeficientes de correlação genotípica entre os diferentes caracteres mostraram que os dias até 50 % de floração foram negativa e significativamente associados à produção de frutos por planta (-0,477), ao número total de frutos por planta (-0,388) e ao diâmetro dos frutos (-0,098). Os dias para a frutificação foram negativa e significativamente associados à produção de frutos por planta (-0,391), ao número total de frutos por planta (-0,228), ao peso médio dos frutos (-0,134), ao comprimento dos frutos (-0,130), à dispersão da planta (-0,181) e à altura da planta (-0,076). O número total de frutos por planta apresentou correlação positiva e significativa com a produção de frutos por planta (0,689), a altura da planta (0,359) e a dispersão da planta (0,575). O peso médio do fruto apresentou correlação significativa e positiva com a produção de frutos por planta (0,593), número de sementes por fruto (0,314), altura da planta (0,291), comprimento do fruto e diâmetro do fruto (0,421 e 0,866). O comprimento do fruto foi positivamente e significativamente correlacionado com a produção de frutos por planta (0,162), altura da planta (0,269), número de sementes por fruto (0,262) e ácido ascórbico (0,132), enquanto mostrou correlação negativa significativa com a capsaicina (-0,304). A altura da planta mostrou uma correlação positiva e significativa com a produção de frutos por planta (0,471), enquanto que a correlação foi negativa e significativa com a capsaicina (-0,531) e o ácido ascórbico (-0,392). O número de sementes por fruto apresentou correlação positiva e

A capsaicina e o ácido ascórbico apresentaram uma correlação significativa com a produção de frutos por planta (0,122) e com o ácido ascórbico (0,378). A capsaicina e o ácido ascórbico apresentaram uma correlação significativamente negativa com a produção de frutos por planta, ou seja, -0,430 e -0,220, respetivamente.

4.3.2 Correlação fenotípica

O coeficiente de correlação fenotípica seguiu a mesma tendência que foi observada a nível genotípico. O quadro 3 mostra que os dias até 50% de floração foram negativa e significativamente associados à produção de frutos por planta (-0,403), ao número total de frutos por planta (-0,349) e ao diâmetro dos frutos (-0,094). Os dias para a frutificação foram negativa e significativamente associados à produção de frutos por planta (-0,349), ao número total de frutos por planta (-0,222), ao comprimento do fruto (-0,141), ao peso médio do fruto (-0,123) e à dispersão da planta (0,105). O número total de frutos por planta apresentou uma correlação positiva e significativa com a produção de frutos por planta (0,707) e com a dispersão da planta (0,258). O peso médio dos frutos apresentou correlação significativa e positiva com a produção de frutos por planta (0,558), altura da planta (0,236), número de sementes por fruto (0,219), comprimento do fruto (0,399) e diâmetro do fruto (0,843). O comprimento do fruto foi positiva e significativamente correlacionado com a produção de frutos por planta (0,127), altura da planta (0,231), número de sementes por fruto (0,167) e ácido ascórbico (0,130), enquanto que mostrou correlação significativa mas negativa com a capsaicina (0,286). A altura da planta mostrou uma correlação positiva e significativa com a produção de frutos por planta (0,304), enquanto que foi negativa e significativamente correlacionada com a capsaicina (0,388) e o ácido ascórbico (-0,312). O número de sementes por fruto apresentou uma correlação positiva e significativa com o ácido ascórbico (0,281). A capsaicina e o ácido ascórbico apresentaram uma correlação significativamente negativa com a produção de frutos por planta, ou seja, -0,397 e -0,201, respetivamente.

4.4 ANÁLISE DO COEFICIENTE DE TRAJECTÓRIA

O coeficiente de caminho é um método importante para estimar a associação entre caraterísticas com causa e efeito, ou seja, a base direta e indireta da associação. Foi realizado para avaliar os efeitos diretos e indirectos de diferentes caracteres na produção de frutos por planta. Embora a análise de correlação possa quantificar o grau de associação entre dois caracteres, não fornece as razões para tal associação. O coeficiente de correlação linear simples foi concebido para detetar a presença de uma associação linear entre as duas variáveis, não podendo detetar qualquer outro tipo de associação variável. Assim, um valor não significativo do coeficiente de correlação não pode ser considerado como implicando a ausência de qualquer relação funcional entre as duas variáveis. O coeficiente de caminho revela este mistério ao dividir o coeficiente de correlação total em componentes de efeitos diretos e indirectos.

O efeito direto positivo máximo na produção de frutos por planta foi mostrado pelo número total de frutos por planta (0,401), seguido pelo peso médio dos frutos (0,324) e pelos dias para a frutificação (0,312), enquanto que o efeito direto negativo máximo foi registado para os dias até 50 % de floração (-0,354), seguido pelo diâmetro dos frutos (-0,345) e pelo comprimento dos frutos (-0,321). Para os efeitos indirectos da produção de frutos por planta, foram registados efeitos indirectos positivos elevados através da altura da planta para o número de ramos primários por planta (0,621), seguido do número de sementes por fruto para o comprimento do fruto (0,617) e do peso médio do fruto para o diâmetro do fruto (0,337). O efeito indireto negativo máximo na produção de frutos foi através do número de ramos primários por planta para os dias até 50 % de floração (-0,460), seguido do peso médio dos frutos para os dias até à frutificação (-0,268) e do comprimento dos frutos para o peso médio dos frutos (0,261).

4.5 DIVERSIDADE GENÉTICA

4.5.1 Distâncias generalizadas de Mahalanobis (D)^2

A diversidade genética entre 18 genótipos foi medida através da análise D^2. Com base na estatística D^2, os dezoito genótipos de malagueta foram agrupados em cinco grupos, utilizando o método de Tocher apresentado por Rao (1952) no Quadro 5 e representado na Figura 2. Dezoito genótipos diversos incluídos no presente estudo variaram significativamente para todos os caracteres em estudo. A leitura dos dados mostrou que o grupo II tinha o número máximo de genótipos (5), nomeadamente Punjab Surkh, Selection-1, SJC-02, G-4 e LCA-334, seguido do grupo III (Selection-2, Selection-3, LCA-305 e LCA-960) e do grupo IV (DKC-8, Cherry pepper, LCA-206 e G-3) com 4 genótipos cada. O grupo V (3) é constituído pelos genótipos CCH-05-01, LCA-353 e Jammu Local Selection e o grupo I por dois genótipos, SJPC e SJC-01.

4.5.2 Análise de média de agrupamento.

A média de agrupamento de dezoito genótipos foi calculada em 5 agrupamentos para 16 caracteres estudados e apresentada na Tabela 6. Os genótipos no cluster I (SJPC e SJC-01) registaram o valor médio máximo para o número total de frutos por planta (135,67), diâmetro do fruto (1,62), número de ramos primários por planta (5,95), produção de frutos por planta (616,71), produção de frutos por parcela (6167,07) e produção de frutos por ha (91,36) e valor médio mínimo para dias até 50 % de floração (27,83) e dias até à frutificação (29,83). O grupo III (Seleção-2, Seleção-3, LCA-305, LCA-960) apresentou o valor médio mais elevado para o peso médio dos frutos (4,93), comprimento dos frutos (6,74), comprimento do pedúnculo (2,66) e número de sementes por fruto (50,90). O grupo IV (DKC-8, Cherry pepper, LCA-206, G-3) apresentou o valor médio máximo para a percentagem de capsaicina (0,20) e ácido ascórbico

(140.59) onde o grupo V (CCH-05-01, LCA-353, Jammu Local Selection) deu o valor médio mais alto para o número total de frutos por planta (255.32), dispersão da planta (2023.12) e altura da planta (64.88).

4.5.3 Distância entre clusters baseada em D^2 valores

O valor D^2, que é a soma dos quadrados, foi calculado para todas as combinações.

4.5.3.1 Distância inter-agrupamentos

Inter cluster D^2 valores (Tabela 7) para 18 genótipos de malagueta em estudo mostraram uma distância máxima inter cluster (48,889) entre o cluster IV e I, seguido do cluster II e I (30,130) e do cluster V e IV (26,092). O agrupamento IV e III (22,677) apresentou a distância mínima, indicando uma relação estreita entre os genótipos incluídos. O grupo IV foi o mais diversificado, uma vez que mais grupos apresentaram uma distância máxima entre grupos, ou seja, os grupos I, V e III.

4.5.3.2 Distância intra-agrupamento

A distância intra-agrupamento para 18 genótipos (Quadro 7) foi máxima para o agrupamento IV (9,278), seguida do agrupamento II (7,469), do agrupamento III (5,683) e do agrupamento V (4,423), enquanto foi mínima no agrupamento I (1,040).

4.5.4 Contribuição percentual de vários caracteres para a divergência genética

A análise dos dados revelou que os caracteres dias até 50 % de floração, dias até à frutificação, número total de frutos por planta, peso médio dos frutos, comprimento dos frutos, diâmetro dos frutos, comprimento do pedúnculo e dispersão das plantas contribuíram em mais de 95 % para a diversidade genética da malagueta. Os dias até 50 % de floração deram a contribuição máxima para a diversidade (33,89 %), seguidos pelos dias até a frutificação (17,27 %), número total de frutos por planta (12,17 %), peso médio dos frutos (9,31 %), comprimento dos frutos (7.82 %), diâmetro do fruto (7,31 %), comprimento do pedúnculo (5,09 %), dispersão da planta (3,52 %), número de ramos primários por planta (1,70 %), altura da planta (0,95 %), número de sementes por fruto (0,62 %), capsaicina (0,25 %) e ácido ascórbico (0,06 %).

CAPÍTULO 5

DISCUSSÃO

O presente estudo foi realizado com a malagueta (Capsicum annuum L.) com o objetivo de obter informações para selecionar genótipos adequados para utilização como variedade ou como programa de melhoramento e também para os agrupar em diferentes grupos com base na distância genética (D^2). A malagueta é uma cultura importante da região e os produtores estão interessados em cultivares com bons caracteres.

O melhoramento das culturas depende em grande medida da existência de variabilidade e da sua exploração pelo obtentor de plantas. O melhorador de plantas tem de identificar fontes de genes favoráveis, incorporá-los em populações de melhoramento e selecionar uma combinação de caraterísticas desejáveis que possam resultar no isolamento de genótipos produtivos. Para atingir estes objectivos, o melhorador de plantas precisa de conhecer a extensão da variabilidade presente numa população. A avaliação de um grande número de linhas de germoplasma é o primeiro passo para atingir esse objetivo. Este melhoramento em qualquer cultura baseia-se na extensão da variação genética e na magnitude da variabilidade genética benéfica disponível. Por conseguinte, no presente estudo, foram utilizados dezoito genótipos de malagueta para obter informações sobre a natureza e a magnitude da variabilidade, a associação entre vários caracteres, os factores causais da associação observada entre o rendimento por planta e os caracteres componentes e a diversidade genética. Para estudar a divergência genética entre os genótipos, foi utilizada a estatística Mahalanobis D^2. A estatística D^2 permite discriminar entre diferentes cultivares de acordo com a diversidade presente (Mahalanobis, 1936).

A informação derivada destes aspectos em diferentes caracteres deve ser utilizada para o desenvolvimento de linhas desejáveis, quer através de consanguinidade, quer através da utilização no desenvolvimento de linhas consanguíneas para a sua utilização no desenvolvimento de cultivares híbridas ou sintéticas. Os resultados assim obtidos são discutidos nos seguintes pontos.

5.1: Avaliação de genótipos.

5.2: Parâmetros de variabilidade.

5.3: Correlações.

5.4: Análise do coeficiente de caminho.

5.5: Divergência genética.

5.1 AVALIAÇÃO DE GENÓTIPOS

A análise de variância para vários caracteres da malagueta revelou diferenças significativas entre os genótipos para todos os traços. Estas diferenças indicaram a presença de uma quantidade substancial de variabilidade e uma margem considerável para o melhoramento de vários caracteres, nomeadamente dias até 50 % de floração, dias até à frutificação, número total de frutos por planta, peso médio dos frutos, comprimento dos frutos, diâmetro dos frutos, comprimento do pedúnculo, propagação da planta, número de ramos primários por planta, altura da planta, número de sementes por fruto, percentagem de capsaicina, ácido ascórbico, produção de frutos por planta, produção de frutos por parcela e produção de frutos por hectare no material em estudo. Estes resultados estão de acordo com as conclusões de investigadores anteriores, nomeadamente Sheela et al. (2004), Verma et al. (2004), Wasule et al. (2007), Farhad et al. (2008), Singh et al. (2009), Chattopadhyay et al. (2011) e Hasanuzzaman e Golam (2011), que também observaram uma ampla gama de variabilidade para vários traços na malagueta. Com base no desempenho médio dos genótipos em relação a vários traços quantitativos e qualitativos, os genótipos SJC-01, LCA-353 e SJPC deram frutos estatisticamente ao mesmo nível que a Seleção-2, que foi a que teve melhor desempenho. A Seleção-2 também foi considerada uma das melhores para várias caraterísticas como o diâmetro do fruto, a dispersão da planta e o número de sementes por fruto. A SJPC foi considerada a mais precoce em termos de dias até 50 % de floração e dias até à frutificação. Registou-se um máximo de capsaicina na pimenta-cereja e, para o ácido ascórbico, o G-3 foi o que teve melhor desempenho. Estes genótipos podem ser explorados para posterior utilização no programa de melhoramento.

Foi observada uma variabilidade considerável em dezoito genótipos diferentes de malagueta objeto de investigação. No caso dos dias necessários para 50 % da floração e dos dias necessários para a frutificação, foi registada uma ampla gama de variações. Estas conclusões estão em conformidade com os resultados de trabalhos anteriores, nomeadamente Manju e Sreelathakumary (2002), Munshi et al. (2010) e Misra et al. (2011). O número total de frutos por planta apresentou uma quantidade significativa de variação entre os genótipos estudados. Resultados semelhantes também foram relatados por Manju e Sreelathakumary (2002), Ukkund et al. (2007) e Kumar et al. (2012).

O desempenho médio do peso médio dos frutos mostrou uma ampla gama de variação entre os genótipos e estes resultados estão de acordo com as conclusões de Manju e Sreelathakumary (2002), Sreelathakumary e Rajamony (2004), Singh et al. (2009), Munshi et al. (2010) e Misra et al. (2011). Foi observada uma ampla gama de variabilidade para o comprimento do fruto. Estes resultados estão em conformidade com as conclusões de Smitha e Basvaraja (2007), Singh et al. (2009), Misra et al. (2011) e Kumar et al. (2012). Os resultados revelaram que o diâmetro do fruto apresentou uma ampla gama de variabilidade, o que também foi relatado por Smitha e Basvaraja (2007), Ukkund et al. (2007), Farhad et al. (2008), Singh et al. (2009), Munshi et al. (2010), Misra et al. (2011) e Kumar et al. (2012). Foi registada uma ampla gama de variação para o comprimento do caule. Esses resultados estão de acordo com as descobertas anteriores de Manju e Sreelathakumary (2002) e Shirshat et al. (2007). A dispersão das plantas apresentou uma ampla gama de variabilidade, tendo resultados semelhantes sido também registados por trabalhadores anteriores, nomeadamente, Manju e Sreelathakumary (2002), Smitha e Basvaraja (2007), Kumari et al. (2010) e Laskhmi e Vijayapadma (2012). O número de ramos primários por planta apresentou uma quantidade significativa de variação e estes resultados estão de acordo com as conclusões de trabalhadores anteriores, nomeadamente Manju e Sreelathakumary (2002), Smitha e Basvaraja (2007), Farhad et al. (2008), Singh et al. (2009) e Mishra et al. (2011). Foi observada uma quantidade considerável de variabilidade durante a investigação de dezoito genótipos diversos de malagueta para a altura das plantas e os resultados estão em consonância com as conclusões de Smitha e Basvaraja (2007), Farhad et al. (2008), Singh et al. (2009), Munshi et al. (2010), Misra et al. (2011) e Lakshmi e Vijayapadma (2012). O número de sementes por fruto revelou uma maior variabilidade nos genótipos estudados e estes resultados estão em conformidade com as conclusões de Manju e Sreelathakumary (2002), Shirshat et al. (2007), Smitha e Basvaraja (2007), Singh et al. (2009) e Kumari et al. (2010). A produção de frutos por planta, a produção de frutos por parcela e a produção de frutos por hectare são as caraterísticas mais importantes a estudar e apresentaram uma maior variabilidade nos genótipos estudados. Os resultados destas caraterísticas estão em conformidade com as conclusões de Manju e Sreelathakumary (2002), Smitha e Basvaraja (2007), Ukkund et al. (2007) , Sharma et al. (2010), Kumar et al. (2012) e Lakshmi e Vijayapadma (2012). Os resultados mostraram que o ácido ascórbico apresentou uma quantidade considerável de variabilidade. Estes resultados estão de acordo com as conclusões de Manju e Sreelathakumary (2002), Smitha & Basvaraja (2007), Singh et al. (2009), Sharma et al. (2010), Chattopadhyay et al. (2011) e Kumar et al. (2012). A percentagem de capsaicina é um carácter importante no melhoramento da malagueta para caraterísticas de qualidade e os resultados revelaram que os genótipos apresentaram uma quantidade significativamente maior de variabilidade. Estes resultados estão em conformidade com os de Singh et al. (2009), Munshi et al. (2010), Chattopadhyay et al. (2011), Mishra et al. (2011) e Kumar et al. (2012).

5.2 PARÂMETROS DE VARIABILIDADE

O conhecimento do coeficiente de variação genética é necessário para o melhoramento de uma cultura, o que ajuda a medir a extensão da variabilidade genética nos caracteres entre genótipos e fornece um meio de comparar a variabilidade genética presente nos vários caracteres. Quanto maior for a variabilidade, maior será a possibilidade de selecionar os genótipos desejados (Vavilov, 1951). A maioria dos caracteres económicos, que interessam aos melhoradores de plantas, são de natureza quantitativa e altamente influenciados pelo ambiente. De acordo com Fisher (1918), os caracteres quantitativos que apresentam uma variação contínua estão sob o controlo de factores hereditários e não hereditários. A resposta à seleção depende da proporção relativa da parte hereditária da variação contínua.

Uma vez que as variâncias fenotípicas e genotípicas não têm limites claros e a sua categorização como alta ou baixa não é viável, pelo que não são adequadas para comparação, ao passo que o coeficiente de variação fenotípica (PCV) e o coeficiente de variação genotípica (GCV) não têm unidades de medida e, por conseguinte, ajudam na comparação entre diferentes caracteres. No presente estudo, o coeficiente de variação fenotípico foi mais elevado e de menor magnitude do que o coeficiente de variação genotípico para todos os caracteres, o que indica uma menor influência dos factores ambientais. Estes resultados estão em estreita concordância com os registados por Munshi e Behera (2000), Prabhudeva (2003), Bendale et al. (2006), Shivkumar e Hosmani (2006), Acharya et al. (2007), Farhad et al. (2008) e Chattopadhyay et al. (2011).

Foram observados valores elevados do coeficiente de variação fenotípica e do coeficiente de variação genotípica para o número total de frutos por planta, produção de frutos por planta, produção de frutos por parcela, produção de frutos por ha, peso médio dos frutos, percentagem de capsaicina e número de sementes por fruto e valores moderados para os dias até 50 % de floração, dias até à frutificação, comprimento dos frutos, diâmetro dos frutos, comprimento do pedúnculo, número de ramos primários por planta e altura da planta. Rani et al. (1996), Sreelathakumary e Rajamony (2002), Verma et al. (2004), Ukkund et al. (2007), Vani et al. (2007) e Sharma et al. (2010) apresentaram relatórios semelhantes sobre a malagueta no que respeita à produção de frutos por planta e Shivkumar e Hosamani (2006), Munshi et al. (2010) e Kumari et al. (2010) no que respeita ao número total de frutos por planta.

5.2.1 HERANÇA

A razão entre a variância genética e a variância total, chamada heritabilidade, é uma medida útil para prever o progresso a ser alcançado através da seleção. No presente estudo, todos os caracteres, com exceção do número de ramos primários por planta e da propagação da planta, apresentaram uma hereditariedade moderada a elevada, o que indica que uma grande proporção da expressão da variância fenotípica é atribuível à variância genotípica e que a diferença entre estes caracteres é real. Por conseguinte, a seleção feita para estes caracteres com base na expressão fenotípica pode ser considerada fiável. Os resultados estão em consonância com as conclusões de trabalhadores anteriores, nomeadamente Singh et al., 2009 (ácido ascórbico), Sharma et al., 2010; Ullah et al., 2011 e Kumar et al, 2012 (peso médio do fruto), Sreelathakumary e Rajamony, 2003 e Tembhurne et al., 2008 (diâmetro do fruto), Bharadwaj et al., 2007 e Ukkund et al., 2007; Singh et al., 2009; Ullah et al., 2011 (dias até 50 % de floração), Kumari et al, 2010 (capsaicina), Bharadwaj et al., 2007; Ukkund et al., 2007; Ullah et al., 2011; Kumar et al., 2012 (comprimento do fruto), Sreelathakumary & Rajamony, 2002; Krishna et al, 2007; Tembhurne et al., 2008; Ullah et al., 2011e Kumari et al., 2012 (número total de frutos por planta), Sreelathakumary e Rajamony, 2002; Sharma et al., 2010 e Ullah et al., 2011

(produção de frutos por planta, produção de frutos por parcela e produção de frutos por hectare) que observaram resultados semelhantes.

5.2.2 HEREDITARIEDADE E AVANÇO GENÉTICO

As estimativas do avanço genético, juntamente com os valores de hereditariedade, são mais úteis porque dão uma melhor resposta durante a seleção do que qualquer um dos parâmetros isoladamente, ao passo que Burton (1952) era de opinião que o coeficiente de variação genética, juntamente com a hereditariedade, dá a melhor imagem do avanço genético que se pode esperar da seleção. O avanço genético esperado, expresso em percentagem da média, varia de 17,43 a 161,33. Foi obtido um elevado avanço genético, juntamente com uma elevada hereditariedade, para o número total de frutos por planta, o peso médio dos frutos, o teor de capsaicina, o ácido ascórbico, a produção de frutos por planta, a produção de frutos por parcela e a produção de frutos por hectare, o que indica que a seleção baseada no desempenho fenotípico pode ser eficazmente utilizada para isolar genótipos superiores para estas caraterísticas, uma vez que estas são controladas por uma ação genética aditiva (Panse, 1957). Alta herdabilidade e alto avanço genético também foram obtidos por Singh et al. (2009), Kumari et al. (2010), Munshi et al. (2010), Chattopadhyay et al. (2011), Kumar et al. (2012) e Lakshmi e Vijayapadma (2012) para o número total de frutos por planta; Ukkund et al. (2007), Singh et al. (2009), Kumari et al. (2010), Munshi et al. (2010) e Kumar et al. (2012) para o peso médio dos frutos; Manju e Sreelathakumary (2002), Kumari et al. (2010) e Kumar (2012) para a percentagem de capsaicina; Farhad et al. (2008), Singh et al. (2009), Kumari et al. (2010), Chattopadhyay et al. (2011) e Lakshmi e Vijayapadma et al. (2012) e para a produção de frutos por planta. Os caracteres como dias para 50 % de floração, dias para frutificação, comprimento do fruto e diâmetro do fruto tiveram alta herdabilidade, mas ganho genético moderado e baixo e coeficiente de variação genotípica (GCV) e coeficiente de variação fenotípica (PCV), mostrando que estes eram governados por genes não aditivos e não seriam eficazes, pois não comemoravam as conclusões de Burton (1952) e Johnson et al. (1955a). Alta herdabilidade e avanço genético moderado também foram observados por Choudhary e Samadia (2004), Chartterjee (2006) e Kumar et al. (2012) para dias até 50 % de floração; Choudhary & Samadia (2004) e Kumari et al. (2010) para dias até a frutificação; Ibrahim et al. (2001), Shirshat et al. (2007), Ukkund et al. (2007), Singh et al. (2009) e Kumar et al. (2012) para o comprimento do fruto; Rani et al. (1996) , Ukkund et al. (2007) e Kumar et al. (2012) para o diâmetro do fruto; Shah et al. (1986) para o ácido ascórbico.

5.3 CORRELAÇÕES

A seleção baseada principalmente no rendimento, que é um carácter controlado poligenicamente, não é muito eficaz devido ao facto de o melhoramento direto do rendimento ser difícil. O conhecimento do grau de associação do rendimento com os seus componentes é, portanto, de grande importância, uma vez que um melhorador está sempre interessado no melhoramento de vários caracteres que, por sua vez, resultam na seleção de caracteres não económicos quando a pressão de seleção é aplicada para o melhoramento de caraterísticas desejáveis/económicas. De facto, Adam e Grafius (1971) mencionaram que o rendimento deve ser considerado como um produto final de vários caracteres e o criador não deve ignorar o princípio do equilíbrio entre estes componentes. O presente estudo revelou que os coeficientes de correlação genotípica eram mais elevados do que os fenotípicos, estabelecendo o papel predominante dos factores hereditários. Estes resultados estão em conformidade com as conclusões de Ganeshreddy et al. (2008), Ukkund et al. (2007) e Mathew et al. (2004).

É evidente, a partir de estudos de correlação, que os dias até 50 % de floração estavam negativa e significativamente correlacionados com a produção de frutos por planta, tanto a nível fenotípico como genotípico, e estes resultados estão de acordo com trabalhos anteriores de Mathew et al. (2004), Temburne et al. (2008) e Singh et al. (2009). As correlações fenotípicas e genotípicas revelaram que os dias até à frutificação estavam negativa e significativamente correlacionados com a produção de frutos por planta e estes resultados estão de acordo com as conclusões de Gogoi e Gautam (2003), Farhad et al. (2008), Sharma et al. (2010). Foi observada uma correlação significativa e positiva entre o número total de frutos por planta e a produção de frutos por planta. Estes resultados estão de acordo com as conclusões de Sharma et al. (2010), Chattopadhyay et al. (2011), Kumar et al. (2012) e Singh e Singh (2012). O peso médio dos frutos foi significativa e positivamente correlacionado com a produção de frutos por planta, o que está em conformidade com os resultados de trabalhos anteriores, nomeadamente Karad et al. (2006), Farhad et al. (2008), Sharma et al. (2010) e Rego et al. (2011).

Foi observada uma correlação positiva e significativa entre o comprimento dos frutos e a produção de frutos por planta, o que foi corroborado por trabalhos anteriores, nomeadamente Chattopadhyay et al. (2011), Ullah et al. (2011), Lahbib et al. (2012) e Singh e Singh (2012). Verificou-se também que o diâmetro do fruto estava significativa e positivamente correlacionado com a caraterística dependente, tanto a nível fenotípico como genotípico, e estes resultados estão em conformidade com Farhad et al. (2008), Tembhurne et al. (2008), Singh et al. (2009), Sharma et al. (2010), Rego et al. (2011) e Ullah et al. (2011). Os estudos de correlação fenotípica e genotípica revelaram uma associação positiva e significativa do número de ramos primários por planta com a produção de frutos por planta e resultados semelhantes foram também registados por Ganeshreddy et al. (2008), Tembhurne et al. (2008) e Jabeen et al. (2009). Foi registada uma associação significativamente positiva entre a altura da planta e a produção de frutos por planta, o que confirma os resultados de Ukkund et al. (2007), Ganeshreddy et al. (2008), Jabeen et al. (2009) e Singh et al. (2009). Foi observada uma correlação positiva e significativa a nível genotípico para o número de sementes por fruto com a produção de frutos por planta e estes resultados estão de acordo com as observações de Mathew et al. (2004), Raikar et al. (2005), Karad et al. (2006), Farhad et al. (2008) e Singh e Singh (2012). Verificou-se que os teores de ácido ascórbico e de capsaicina estavam negativa e significativamente correlacionados com a produção de frutos por planta, tanto a nível fenotípico como genotípico, o que está de acordo com as conclusões de Singh et al., 2009.

Verificou-se que o comprimento do caule estava positiva e significativamente correlacionado com a altura da planta e resultados semelhantes foram dados por Farhad et al. (2008) e Sharma et al. (2010). O número total de frutos por planta apresentou uma correlação significativamente negativa com o número de sementes por fruto a nível genotípico, o que está de acordo com os resultados apresentados por Mathew et al. (2004) e Kumari et al. (2011). O número de frutos por planta apresentou uma correlação significativamente positiva com a altura da planta a nível genotípico, o que está de acordo com os resultados de Mathew et al. (2004). O número de ramos primários apresentou uma correlação positiva a nível genotípico com o número de sementes por fruto, o que está de acordo com as conclusões de Rangaiah et al. (2001) e Farhad et al. (2008). O diâmetro do fruto mostrou correlações genotipicamente significativas e positivas com o peso do fruto e também mostrou uma correlação fraca e negativa com o teor de ácido ascórbico. Resultados semelhantes também foram encontrados por Pawade et al. (1995), Rani et al. (1996) e Farhad et al. (2008). O número total de frutos por planta mostrou uma associação positiva e significativa com a propagação da planta, o que está de acordo com os resultados anteriores apresentados por Mathew et al. (2004) e Kumar et al. (2012). Obteve-se uma correlação significativamente positiva entre os níveis fenotípico e genotípico do diâmetro do fruto com o número de sementes por fruto e os dias até 50 % de floração, o que está em conformidade com os resultados de Mathew et al. (2004). A correlação genotípica e fenotípica da altura da planta foi significativamente associada de forma positiva à dispersão da planta. Rego et al. observaram o mesmo resultado em 2011. Os estudos de correlação fenotípica e genotípica revelaram que os dias até 50 % de floração estavam significativamente correlacionados de forma positiva com os dias até à frutificação e resultados semelhantes foram registados por Singh et al. (2009). O diâmetro do fruto foi positiva e significativamente correlacionado com o ácido ascórbico e a capsaicina, o que está em conformidade com os resultados de Singh et al. (2009). A partir da discussão acima, pode ser interpretado que a seleção para a precocidade até 50 % da floração, a precocidade até à frutificação, o número total de frutos por planta e o peso médio dos frutos afectarão o rendimento.

5.4 ANÁLISE DO COEFICIENTE DE TRAJECTÓRIA

Para o melhoramento racional do rendimento e dos seus componentes, o estudo das correlações tem sido muito útil, mas estas não fornecem uma imagem exacta da importância relativa das influências diretas e indirectas de cada um dos caracteres componentes. No entanto, quando se incluem cada vez mais variáveis, a contribuição indireta torna-se mais complexa. A análise do coeficiente de caminho fornece um método para separar os efeitos diretos dos indirectos e mede a importância relativa dos factores causais que, em última análise, afectam o rendimento. O coeficiente de caminho é simplesmente um coeficiente de regressão parcial normalizado e, como tal, mede a influência direta de uma variável sobre outra, o que permite a separação dos coeficientes de correlação em componentes de efeitos diretos e indirectos.

Os presentes estudos revelaram que o número total de frutos por planta teve uma contribuição direta positiva máxima para a produção de frutos por planta a nível genotípico, seguido do peso médio dos frutos e dos dias de frutificação. Os resultados estão de acordo com as descobertas anteriores de

Jabeen et al., 2009; Sharma et al., 2010; Hasanuzzaaman et al., 2011; Kumari et al., 2011 e Yadeta et al., 2011 para o número total de frutos por planta, Ganeshreddy et al., 2008; Jabeen et al., 2009; Sharma et al., 2010 e Yadeta et al., 2011 para o peso médio dos frutos e Kumari et al., 2011 para os dias de frutificação. O comprimento do fruto, a dispersão da planta, a altura da planta, o comprimento do pedúnculo e o número de sementes por fruto tiveram um efeito direto positivo na produção de frutos e estão de acordo com Ganeshreddy et al. (2008) para o comprimento do pedúnculo e o número de sementes por fruto e Yadeta et al. (2011) para o comprimento do fruto, a dispersão da planta e a altura da planta. Os dias até 50 % de floração têm um efeito direto negativo máximo na produção de frutos por planta, seguido do diâmetro e do comprimento dos frutos. Kumari et al. (2011) também relataram o efeito direto negativo dos dias até 50 % de floração e do diâmetro do fruto. Sharma et al. (2010) registaram resultados semelhantes para o comprimento dos frutos.

A altura da planta teve um efeito indireto positivo máximo na produção de frutos por planta através do número de ramos primários por planta. Os resultados estão de acordo com as conclusões de Ganeshreddy et al. (2008). Também foi registado um efeito indireto considerável e positivo dos dias até 50 % de floração através do número de ramos primários por planta na produção de frutos por planta, o que está de acordo com as conclusões de Yadeta et al. (2011).

5.5 DIVERSIDADE GENÉTICA

O padrão de agrupamento de dezoito genótipos de malagueta com base nos valores D^2 indicou uma diversidade genética suficiente para selecionar progenitores superiores e diversos que podem ser explorados em qualquer programa de melhoramento. A análise de agrupamento não separou o germoplasma com base nas suas origens geográficas. Este resultado está de acordo com as conclusões de Varalakshmi e Haribabu (1991), Sreelathakumary e Rajamony (2004) e Lahbib et al. (2012). A leitura dos dados mostrou que o grupo II tinha o número máximo de genótipos, ou seja 5 (Punjab Surkh, Slection-1, SJC-02, G-4 e LCA-334), seguido pelo grupo III com 4 genótipos (Selection-2, Selection-3, LCA-305 e LCA-960), o grupo IV com 4 genótipos (DKC-8, Cherry Pepper, LCA-206 e G-3), o grupo V com 3 genótipos (CCH-05-01, LCA-353, Jammu Local Selection) e o grupo I com dois genótipos (SJPC e SJC-01). Karad et al. (2002) registaram oito grupos com 40 genótipos. Senapati et al. (2003) registaram seis grupos em 20 genótipos diversos de malagueta. Manju e Sreelathakumary (2004) registaram seis grupos em 32 acessos de malagueta.

5.5.1 Análise de média de cluster

Os valores médios obtidos para um número variável de genótipos em cada grupo, embora não possam ser comparados estatisticamente, são comparados para se ter uma ideia relativa da diversidade entre os grupos. Com base na gama de médias para cada carácter, é possível conhecer os caracteres que influenciam a divergência. No presente estudo, o grupo I obteve o valor médio mais elevado para o número total de frutos por planta, o diâmetro dos frutos, o número de ramos primários por planta, a produção de frutos por planta, a produção de frutos por parcela e a produção de frutos por hectare. O grupo III obteve o valor médio mais elevado para o peso médio dos frutos, o comprimento dos frutos, o comprimento do pedúnculo e o número de sementes por fruto. O grupo IV apresentou o valor médio máximo para a percentagem de capsaicina e ácido ascórbico e recodificou o valor mínimo para os dias até 50 % de floração, dias até à frutificação, que é um carácter necessário para o melhoramento da precocidade, enquanto o grupo V apresentou um valor médio elevado para o número total de frutos por planta, a dispersão e a altura da planta.

5.5.2 Distância inter e intra-agrupamentos

De acordo com a estatística D2 de Mahalanobis, os valores da distância intra e inter-agrupamentos (D^2) são apresentados na tabela 7. Os resultados indicam que a distância intra-agrupamento máxima foi registada no agrupamento IV, ou seja, 9,278, seguida do agrupamento II, ou seja, 7,469, e do agrupamento III, ou seja, 5,680, revelando uma divergência genética suficiente entre os genótipos do agrupamento. Os progenitores do grupo podem ser selecionados para o programa de hibridação. A distância relativa inter-agrupamentos mostrou uma divergência máxima entre o agrupamento IV e I (48,889), seguido pelo agrupamento II e I (30,130), V e IV (26,092). A distância inter-agrupamentos mais baixa foi observada entre o agrupamento IV e II (10,667), seguida pelo agrupamento V e II (13,286), indicando uma relação estreita entre estes três agrupamentos. Os genótipos pertencentes a grupos separados por distância genética podem ser utilizados em programas de hibridação para obter um amplo espetro de variação entre os segregantes. Os progenitores genotipicamente distantes são capazes de exercer uma elevada heterose (Falconer, 1960, Moll et al., 1962, Ramanujam, 1974 e Farhad et al., 2010).

5.5.3 Contribuição percentual de vários caracteres

A seleção e escolha dos progenitores depende principalmente da contribuição dos caracteres para a divergência (Ramya et al., 2004). A contribuição para a divergência genética é apresentada no quadro 9. Observou-se que, entre dezasseis caracteres, os dias até 50 % de floração apresentaram a maior contribuição para a divergência. Os primeiros doze caracteres contribuíram com mais de 95% para a divergência genética. Rohit et al., 2011, que ao considerar a diversidade genética entre os progenitores a incluir no programa de hibridação, o seu potencial de campo não deve ser ignorado. É necessário analisar cuidadosamente a seleção de um determinado agregado a partir do qual os genótipos devem ser escolhidos para o programa de cruzamento, bem como a seleção de um determinado genótipo a partir do agregado selecionado. Ao selecionar genótipos de um grupo distante, deve ser dada importância aos valores médios de diferentes caraterísticas para gerar material de reprodução promissor (Hazra et al., 2002).

CAPÍTULO 6

RESUMO E CONCLUSÃO

O presente estudo intitulado "Genetic Divergence studies for yield and quality traits in chilli (Capsicum annuum L.)" (Estudos de divergência genética para caraterísticas de rendimento e qualidade na malagueta (Capsicum annuum L.) foi realizado na Vegetable Research Farm, Division of Vegetable Science & Floriculture, Faculty of Agriculture, Sher-e- Kashmir University of Agricultural Sciences and Technology, Main Campus, Chatha, Jammu (J & K) durante 2012 - 13.

O material vegetal consistiu em dezoito genótipos geneticamente diversos de malagueta recolhidos de diferentes fontes. A experiência foi realizada em blocos aleatórios com três repetições durante o verão. Foram registadas observações sobre dezasseis caraterísticas, nomeadamente dias até 50 % de floração, dias até à frutificação, número total de frutos por planta, peso médio dos frutos, comprimento dos frutos, diâmetro dos frutos, comprimento do pedúnculo, dispersão da planta, número de ramos primários por planta, altura da planta, número de sementes por fruto, produção de frutos por planta, produção de frutos por parcela e produção de frutos por hectare, percentagem de capsaicina e ácido ascórbico.

A análise de variância mostrou diferenças significativas para todas as caraterísticas em estudo, indicando a existência de variabilidade suficiente entre os genótipos. O desempenho médio de diferentes caracteres indicou que os genótipos Seleção-2, SJC-01, LCA-353 e SJPC foram altamente produtivos no que diz respeito à produção de frutos por planta. O Selection-2 também foi considerado um dos melhores desempenhos para várias caraterísticas como o diâmetro do fruto, a dispersão da planta e o número de sementes por fruto. Os genótipos SJPC foram os mais precoces em termos de dias até 50 % de floração e dias até à frutificação. A capsaicina máxima foi registada na pimenta-cereja e, no que se refere ao ácido ascórbico, o G-3 foi o que apresentou melhor desempenho. As estimativas dos coeficientes de variabilidade fenotípica foram mais elevadas do que o coeficiente de variabilidade genotípica para todos os caracteres. Isto indica um efeito do ambiente sobre estes caracteres. Os coeficientes de variabilidade fenotípica e genotípica foram elevados para o número total de frutos por planta, a produção de frutos por hectare, a produção de frutos por planta e a produção de frutos por parcela, o peso médio dos frutos, a percentagem de capsaicina e o número de sementes por fruto, tendo sido moderados para os dias até 50 % da floração, os dias até à frutificação, o comprimento dos frutos, o diâmetro dos frutos, o comprimento do pedúnculo, o número de ramos primários por planta e a altura da planta.

Foram observadas estimativas elevadas de hereditariedade para os caracteres, nomeadamente, ácido ascórbico, peso médio dos frutos, diâmetro dos frutos, dias até 50% de floração, percentagem de capsaicina, comprimento dos frutos, dias até à frutificação, número total de frutos por planta, comprimento do pedúnculo, produção de frutos por planta, produção de frutos por parcela e produção de frutos por hectare. Isto significa que a seleção pode ser feita mais rapidamente para os caracteres com elevada hereditariedade. As estimativas de elevada hereditariedade foram acompanhadas por um elevado ganho genético no caso do número total de frutos por planta, peso médio dos frutos, teor de capsaicina, ácido ascórbico, produção de frutos por planta, produção de frutos por parcela e produção de frutos por hectare, o que indica um controlo aditivo da ação dos genes na hereditariedade destas caraterísticas, sendo provável que estas caraterísticas respondam melhor à seleção.

O presente estudo revelou que os coeficientes de correlação genotípica eram mais elevados do que os coeficientes de correlação fenotípica correspondentes, o que sugere uma forte relação inerente entre diferentes caraterísticas. A nível genotípico e fenotípico, os dias até à floração, os dias até à frutificação, a percentagem de capsaicina e o ácido ascórbico apresentaram uma correlação negativa e significativa com a produção de frutos por planta. Foi observada uma correlação significativa e positiva entre o número total de frutos por planta, o peso médio dos frutos, o comprimento dos frutos, o diâmetro dos frutos, o número de ramos primários por planta, a altura da planta e o número de sementes por fruto e a produção de frutos por planta. O número de frutos por planta com a altura da planta e o diâmetro do fruto com o peso do fruto apresentaram correlação significativa e positiva a nível genotípico. A expressão fenotípica da correlação diminui sob a influência do ambiente, o que indica que, em geral, a associação a nível genotípico foi mais forte do que a nível fenotípico.

A análise do coeficiente de caminho mostrou que o número total de frutos por planta, o peso médio dos frutos e os dias até à frutificação tiveram efeitos diretos positivos na produção de frutos por planta. Por outro lado, o número de ramos primários por planta através dos dias até à floração a 50 %, o peso médio dos frutos através dos dias até à frutificação e o comprimento dos frutos através do peso médio dos frutos tiveram efeitos indirectos na produção de frutos por planta.

A diversidade genética no germoplasma disponível foi avaliada utilizando a estatística D^2 e dezoito genótipos foram agrupados em 5 grupos. A partir dos padrões de agrupamento, observou-se que a diversidade geográfica não é um índice razoável de diversidade genética, uma vez que SJPC e SJC-02 foram agrupados em grupos diferentes. O grupo I (SJPC e SJC-01) registou o valor médio máximo para o número total de frutos por planta, diâmetro do fruto, número de ramos primários por planta, produção de frutos por planta, produção de frutos por parcela e produção de frutos por hectare e valor médio mínimo para dias até 50 % de floração e dias até à frutificação. O grupo III (Seleção-2, Seleção-3, LCA-305, LCA-960) apresentou o valor médio mais elevado para o peso médio dos frutos, comprimento dos frutos, comprimento do pedúnculo e número de sementes por fruto. O agrupamento IV (DKC-8, Cherry pepper, LCA-206, G-3) apresentou o valor médio máximo para a percentagem de capsaicina e ácido ascórbico, enquanto o agrupamento V (CCH-05-01, LCA-353, seleção local de Jammu) apresentou um valor médio elevado para o número total de frutos por planta, a dispersão e a altura das plantas. Os valores inter e intra-agrupamentos (D^2) para os dezoito genótipos de malagueta em estudo mostraram que a distância intra-agrupamento máxima foi registada no agrupamento IV, revelando uma divergência genética suficiente entre os genótipos do agrupamento, o que mostra que os progenitores dentro do agrupamento podem ser escolhidos para o programa de hibridação. A distância relativa inter-cluster mostrou divergência máxima entre os clusters IV e I. A leitura dos dados mostrou que os dias até 50 % de floração contribuíram ao máximo para a divergência. Os genótipos SJPC e SJC-01 foram considerados desejáveis para a produção, enquanto os genótipos DKC-8, Cherry pepper, LCA-206 e G-3 foram desejáveis para a percentagem de capsaicina e ácido ascórbico. Estes genótipos superiores seriam úteis como melhores fontes para melhorar ainda mais a cultura.

CAPÍTULO 7

REFERÊNCIAS

Acharya, P., Sengupta, S. e Mukherjee, S. 2007. Genetic variability in pepper (Capsicum annuum L.). Environment and Ecology, 25(4): 808-812.

Adams, M.W. e Grafius, J. E. 1971. Interpretação alternativa da compensação da componente de rendimento. Crop Science, 11: 33-35.

Adunga, W. e Labuschangne, M. T. 2003. Associação de caracteres de sementes de linho e sua variabilidade em diferentes ambientes. Jornal de Ciências Agrícolas, 14: 285-296.

Al-Jibouri, H. A., Miller, P. A. e Robinson, H. V. 1958. Variância e covariância genotípica e ambiental numa cultura de algodão de terras altas de origem interespecífica. Agronomy Journal, 50: 633-637.

Allard, R. W. 1960. Principles of Plant Breeding. pp. 485. John willey and sons. Inc. Nova Iorque.

Anónimo. 2011. Base de dados da horticultura indiana, Conselho Nacional de Horticultura. Departamento de Agricultura e Cooperação, Governo da Índia. https://www.fao.org .

Bendale, V. W., Palsuledesai, M. R., Bhave, S. G., Sawant, S. S. e Desai, S. S. 2006. Avaliação genética de algumas caraterísticas económicas da malagueta (Capsicum annum L.) na região de Konkan, em Maharashtra. Crop Research Hisar, 31(3): 401-403.

Bharadwaj, D. N., Singh, H. e Yadav, R. K. 2007. Variabilidade genética e associação de caracteres componentes para a produção de malagueta (Capsicum annum L.). Progressive Agriculture, 7(1-2): 72-74.

Bhattacharya, A., Chattopadhyay, A., Mazumdar, D., Chakravarty, A. e Pal, S. 2010. Antioxidant constituents and enzyme activities in chilli peppers. International Journal of Vegetable Science, 16(3): 201-211.

Bosland, P. W. e Votava, E. J. 1999. Pimentos: Vegetables and Spice Capsicums. P. 204. CABI Publishing, Wallingford, Reino Unido.

Burton, G. W. 1952. Herança quantitativa em gramíneas. In: Procedimentos do sexto Congresso Internacional de Pastagens. Vol 1, pp 277-283.

Burton, G. W. e DeVane, E. H. 1953. Estimating heritability in tall Fescue (Festuca arundiaceae) from replicated clonal material. Agronomy Journal, 45: 478-481.

Chatterjee, B. 2006. Associação de caracteres e divergência genética na malagueta (Capsicum annuum L.). Tese de Mestrado, Universidade Agrícola Acharya N G Ranga, Hyderabad.

Chattopadhyay, A., Sharangi, A. B., Dai, N. e Dutta, S. 2011. Diversidade de recursos genéticos e análises de associação genética de malaguetas verdes e secas da Índia Oriental. Revista Chilena de Investigação Agrícola, 71(3): 350-356.

Choudhary, B. S. e Samadia, D. K. 2004. Variabilidade e associação de caracteres em raças e genótipos de malagueta em ambiente árido. Indian Journal of Horticulture, 61(2): 132-136.

Dandunayaka 2008. Avaliação da diversidade genética em colecções locais de malagueta (Capsicum annuum L.). Tese de Mestrado, Universidade de Ciências Agrícolas, Dharwad.

Dewey, D. R. e Lu, K. H. 1959. Correlation and path coefficient analysis of components of crested wheat grass seed production. Agronomy Journal, 51: 515-518.

Dushyantha, B. M., Kantti, A. e Mallikarjunaiah, H. 2010. Genetic divergence in chilli accessions (Divergência genética em acessos de malagueta). Revista eletrónica de melhoramento de plantas, 1(5): 1363-1366.

Dutonde, S. N., Bhalekar, M. N., Patil, B. T., Kshirsagar, D. B. e Dhumal, S. S. 2008. Genetic diversity in chilli. Agricultural Science Digest, 28(1): 45-47.

East, E. M. 1916. Studies on size inheritance in Nicotiana. Genetics, 1: 164-176.

Falconer, D. S. 1960. Introduction to Quantitative Genetics, pp. 304. Oliver and Boyd. London.

Farhad, M., Hasanuzzaman, M., Biswas, B. K., Azad, A. K. e Arifuzzaman, M. 2008. Fiabilidade dos caracteres que contribuem para o rendimento para melhorar o potencial de rendimento da malagueta (Capsicum annuum L.). International Journal of Sustainable Crop Production, 3(3): 30-38.

Farhad, M., Hasanuzzaman, M., Biswas, B. K., Arifuzzaman, M. e Islam, M. M. 2010. Genetic divergence in chilli (Capsicum annuum L.). Bangladesh Research Publications Journal, 3(3): 1045-1051.

Fisher, R. A. 1918. A correlação entre os parentes na suposição de herança mendeliana. Transactions of the Royal Society of Edinburgh, 52: 399-433.

Fisher, R. A. e Yates, F. (ed.). 1963. Statistical Tables for Biological, Agricultural and Mestical Research. Vol 6, pp. 146. Oliver and Boyd. Ltd., Londres.

Ganeshreddy, M., Kumar, H. D. M. e Salimath, P. M. 2008. Correlação e análise de caminhos na malagueta (Capsicum annuum L.). Karnatka Journal of Agricultural Sciences, 21(2): 259-261.

Gill, H. S., Thakur, P. C. e Thakur, T. C. 1973. Combining ability in sweet pepper (Capsicum annuum L. var. grossum). Indian Journal of Agricultural Science, 43: 918-921.

Gogoi, D. e Gautam, B. P. 2002. Variabilidade, hereditariedade e avanço genético na malagueta (Capsicum Spp.). Agricultural Science Digest, 22(2): 102-104.

Gogoi, D. e Gautam, B. P. 2003. Correlation and path coefficient analysis in chilli (Capsicum Spp.). Agricultural Science Digest, 23(3): 162-166.

Gomez, K. A. e Gomez, A. A. 1976. Statistical Procedure for Agricultural Research, pp. 680. John Wiley and Sons, Inc. Nova Iorque.

Gouda, L. e Mulge, R. 2003. Estudos de correlação em cruzamentos de capsicum x chilli e pais. Indian Journal of Horticulture, 60(2): 171-175.

Goulden, G. 1959. Method of Statistical Analysis, pp. 134. John Wiley and Sons, Inc. Nova Iorque.

Hasanuzzaman, M. e Golam, F. 2011. Seleção de caraterísticas para melhorar o rendimento da malagueta (Capsicum annuum L.). Journal of Innovation Development Strategy, 5(1): 78-87.

Hasanuzzaman, M., Hakim, M. A., Fersdous, J., Islam, M. M. e Rahman, L. 2012. Capacidade de combinação e análise de herdabilidade para caracteres que contribuem para o rendimento e rendimento em landraces de chilli (Capsicum annuum). Plant Omics Journal, 5(4): 337-344.

Hazra, P., Basu, D. e Sahu, F. K. 2002. Genetic divergence in okra. Indian Journal of Horticulture, 59(4): 406-410.

Hazra, P., Chattopadhyay, A., Karmakar, K., e Dutta, S. 2011. Modern Technology in Vegetable Production, pp. 478. New India Publishing Agency, Nova Deli, Índia.

Hosamani, P. M. 2008. Correlation and path coefficient analysis in chilli. *Indian Journal of Horticulture,* 65(3): 349-352.

Ibrahim, M., Ganigar, V. M. e Yenjerappa, S. T. 2001. Variabilidade genética, heritabilidade, avanço genético e estudos de correlação na malagueta. *Karnataka Journal of Agricultural Sciences,* 14: 784-787.

Jabeen, N., Sofi, P. A. e Wani, S. A. 2009. Associação de caracteres na malagueta *(Capsicum annuum* L.). *Revista Cientifica UDO Agricola,* 9(3): 487-490.

Johnson, H. W., Robinson, H. F. e Comstock, R. E. 1955a. Estimates of genetic and environmental variability in soyabean (Estimativas da variabilidade genética e ambiental da soja). *Agronomy Journal*, 47: 314-318.

Johnson, H. W., Robinson, H. F., Comstock, R. E. 1955b. Estimativa da variabilidade genética e ambiental da soja. *Agronomy Journal*, 47: 477-483.

Karad, S. R., Navate, P. A. e Kadam, D. E. 2006. Variability and path coefficient analysis in chilli (*Capsicum annuum* L.). *Revista Internacional de Ciências Agrícolas*, 2(1): 90-92.

Karad, S. R., Raikar, G. R. e Navale, P. A. 2002. Genetic divergence in chilli. *Journal ofMaharashtra Agricultural Universities*, 27(2): 143-145.

Khadi, B. M. 1983. Estudos genéticos sobre o teor de ácido ascórbico, produção de frutos, componentes da produção e acumulação de alguns elementos minerais na malagueta (Capsicum annuum L.). Tese de doutoramento, Universidade de Ciências Agrícolas, Bangalore, Índia.

Kogure, K., Goto, S., Nishimura, M., Yasumoto, M., Abe, K. e Ohiwa, L. 2002. Mechanism of potent antiperoxidative effect of capsaicin (Mecanismo do potente efeito antiperoxidativo da capsaicina). Biochimica et Biophysica Ata, 5: 84-92.

Kumar, D., Bahadur, V., Rangare, S. B. e Singh, D. 2012. Variabilidade genética, hereditariedade e estudos de correlação na malagueta (Capsicum annuum L.). HortFlora Reseach Spectrum, 1(3): 248-252.

Kumari, S. S., Jyothi, K. U., Srihari, D., Sankar, A. S. e Sankar, C. R. 2010. Variabilidade e divergência genética no pimentão (Capsicum annuum L.). Journal of Spices and Aromatic Crops, 19(1 & 2): 71-75.

Kumari, S. S., Jyothi, K. U., Reddy, V. C., Srihari, D., Sankar, A. S. e Sankar, C. R. 2011. Associação de caracteres no pimentão (Capsicum annuum L.). Journal of Spices and Aromatic Crops, 20(1): 43-47.

Lahbib, K., Bnejdi, F. e Gazzah, M. E. 2012. Avaliação da diversidade genética da pimenta (Capsicum annuum L.) na Tunísia com base em caracteres morfológicos. Revista Africana de Investigação Agrícola, 7(23): 3413-3417.

Lakshmi, R. e Vijayapadma 2012. Estudos sobre o desempenho, a variabilidade genética, a hereditariedade e os avanços genéticos em variedades de malagueta (Capsicum annuum L.)

em altitude elevada e na zona tribal do distrito de Srikakulam de Andhra Pradesh, Índia. Plant Archives, 12(2): 717-720.

Mahalanobis, P. C. 1936. Sobre a distância generalizada em estatística. Actas do Instituto Nacional de Ciência. Vol 2, pp. 49-55, Índia.

Manju, P. R. e Sreelathakumary, I. 2002. Genetic variability, heritability and genetic advance in hot chilli (Capsicum chinense Jacq.). Journal of Tropical Agriculture, 40: 4-6.

Manju, P. R. e Sreelathakumary. (2004). Genetic divergence in hot chilli. Capsicum and Egg Plant Newsletter, 23: 69-72.

Mathew, D., Doijode, S. D. e Reddy, K. M. 2004. Correlação e análise do coeficiente de caminho em cinco espécies de capsicum. Capsicum and Eggplant Newsletter, 23: 57-60.

Mini, C. e Vahab, M. A. 2002. Correlação e análise de caminho para oleorresina em malagueta (Capsicum annuum L.). Journal of Applied Horiculture, 4(1): 33-34.

Misra, S., Lal, R. K., Darokar, M. P. e Khanuja, S. P. S. 2011. Genetic variability in germplasm accessions of Capsicum annuum L. American Journal of Plant Sciences, 2: 629-635.

Moll, R. H., Salhwana, W. S. e Robinson, H. F. 1962. Heterose e diversidade genética em cruzamentos de variedades de milho. Crop Science, 2: 197-198.

Mubarak, B. S. 2002. Avaliação do germoplasma de malagueta quanto à produtividade, às caraterísticas que o compõem e à resistência a alguns stresses bióticos. Tese de Mestrado, Universidade de Ciências Agrícolas, Dharwad.

Munshi, A. D. e Behera, T. K. 2000. Variabilidade genética, hereditariedade e avanço genético para algumas caraterísticas da malagueta (Capsicum annum L.). Vegetable Science, 27: 39-41.

Munshi, A. D., Behra, T. K. e Singh, G. 2000. Correlation and path coefficient analysis in chilli. Indian Journal of Horticulture, 57(2): 157-159

Munshi, A. D., Kumar, B. K., Sureja, A. K., Joshi, S. e Kumar, R. 2005. Estudos sobre a diversidade genética para caraterísticas de crescimento, rendimento e qualidade da malagueta (Capsicum annuum L.). Indian Journal of Plant Genetic Resources, 18(3): 227-229.

Munshi, A. D., Laishram, J. M. e Bhagirath, T. 2005. Genetic variability in local chillies (Capsicum annuum L.) of Manipur. Indian Journal of Plant Genetic Resouces, 62(2): 203-205.

Munshi, A. D., Kumar, B. K., Sureja, A. K. e Joshi, S. 2010. Genetic variability, heritability and genetic advance for growth, yield and quality traits in chilli. Indian Journal of Horticulture,

67(1): 114-116.

Murthy, G. S. e Pavate, M. Y. 1962. Studies on qualitative inheritance in Nicotiana tobaccum L. varietal classification and selection by multivariate analysis. Indian Journal of Genetics and Plant Breeding, 2(2): 68.

Nair, K. R. e Mukharji, H. K. 1960. Classificação da teca natural e da teca de plantação (Tectona grandis) cultivada em diferentes localidades da Índia, Birmânia, no que respeita às suas propriedades fisiológicas e mecânicas. Sankhya, 22: 1-20.

Nilsson-Ehle, H. 1909. Kreuzungunstersumchungen e Hafer e weigen, Lunds: Universidade de Arssetey, N. F. Afzel Z, Hd, 5 Nt, 2: 1-22.

Panse, V. G. 1957. Genetics of quantitative characters in relation to plant breeding. Indian Journal of Genetics, 17: 318-328.

Panse, V. G. e Sukhatmea, P. V. (eds.). 1967. Statistical Methods for Agricultural Workers, pp. 361. ICAR, Nova Deli, Índia.

Pawade, S., Sonatake, M. B., Sinde, N. N. e Iborlakar, S. T. 1995. Estudos sobre correlação e análise de trajetória para alguns caracteres na malagueta local (Capsicum annuum L.). The Andhra Agricultural Journal, 42(1-4): 10-13.

Prabhudeva, S. A. 2003. Estudo da variabilidade, diversidade genética e heterose na malagueta (Capsicum annuum L.). Tese de Mestrado, Universidade de Ciências Agrícolas, Dharwad.

Raikar, G. N., Karad, S. R. e Navale, P. A. 2005. Variability and path coefficient analysis in chilli. Journal of Maharashtra Agricultural Universities, 30(1): 90-91.

Ramanujam, S., Tiwary, A. S e Mehra, R. B. 1974. Genetic divergence and hybrid performance in mungbean (Divergência genética e desempenho híbrido em feijão-mungo). Theoretical and Applied Genetics, 44(5): 211-214.

Ramya, K. e Kumar, N. S. 2004. Genetic divergence, correlation and path analysis in okra [Abelmoschus esculentus (L.) Moench]. Madras Agricultural Journal, 96(7-12): 296-299.

Rangaiah, S., Manjunath, A., Kulkarni, R. S. e Nehru, S. D. 2001. Character association following mutagenesis in chilli (Capsicum annum L.). Mysore Journal of Agricultural Sciences, 35(1): 58-59.

Rani, K., Natarajan, S. e Thamburaj, S. 1996. Genetic variability in chilli (Capsicum annuum L.). Journal of Research, Andhra Pradesh Agricultural University, 24: 1-8.

Rao, C. R. 1952. Advanced Statistical Methods in Biometrics Research, pp. 357-369. John Wiley and Sons, Nova Iorque.

Reddy, M. G., Kumar, H. D. K. e Salimath, P. M. 2008. Correlação e análise do coeficiente de caminho na malagueta (Capsicum annuum L.). Karnataka Journal of Agricultural Sciences, 21(2) : 259-261.

Rego, E. R. D., Rego, M. M. D., Cruz, C. D., Finger, F. L. e Casali, V. W. D. 2011. Diversidade fenotípica, correlação e importância de variáveis para caracteres de qualidade de frutos e produtividade em pimentas brasileiras (Capsicum baccatum). Genetic Resources *and Crop Evolution,* 58: 909-918.

Robinson, H. F., Comstock, R. E. e Harvery, V. H. 1949. Estimativas de hereditariedade e grau de dominância em milho. *Agronomy Journal*, 41: 353-359.

Rohit, G., Pathak, M. e Bal, S. S. 2011. A study on genetic diversity among okra varieties. *Crop Improvement,* 38(1): 48-52.

Sadasivam, S. e Manickam, A. 1992. *Biochemical Methods for Agricultural Sciences*. Wiley Eastern Ltd., Nova Deli, Índia.

Sadasivam, S. e Theymoli, B. 1987. Métodos bioquímicos. In. *Manual Prático de Bioquímica Vol 14*, pp 178-179. Universidade Agrícola de Tamil Nadu, Coimbatore.

Salvador, M. H. 2002. Recursos genéticos da malagueta (Capsicum spp.) no México. Actas da 16[ath] conferência internacional sobre pimenta. pp 10-12. Tampico, Tamaulipas, México.

Sarkar, S., Murmu, D., Chattopadhyay, A. e Hazra, P. 2009. Genetic variability, correlation and path analysis of some morphological characters in chilli (Variabilidade genética, correlação e análise de caminho de alguns caracteres morfológicos na malagueta). Journal of Crop and Weed, 5(1): 162-166.

Senapati, B. K., Sahu, P. K. e Sarkar, G. 2003. Genetic divergence in chilli (Divergência genética na malagueta). Crop Research, 26(2): 314-317.

Shah, A., Alal, S. P. e Pant, C. C. 1986. Variability studies in chilli. Progressive Horticulture, 18: 270-272.

Sharma, M. e Singh, Y. 2009. Divergência genética na malagueta (Capsicum annuum L.) no que respeita ao rendimento em verde e às caraterísticas que contribuem para esse rendimento nas condições de meia encosta de Himachal Pradesh. Himachal Journal of Agricultural

Research, 35(2):180- 182.

Sharma, V. K., Semwal, C. S. e Uniyal, S. P. 2010. Genetic variability and character association analysis in bell pepper (Capsicum annuum L.). Journal of Horticulture and Forestry, 2(3): 58-65.

Sheela, K. B., George, T. E. e Peter, K. V. 2004. Caraterísticas morfológicas e bioquímicas de acessos selecionados de pimentão (Capsicum frutescens L.). Capsicum and Eggplant Newsletter, 23: 33-36.

Shifriss, C. e Sacks, J. H. 1980. O efeito da distância entre os pais na produção de híbridos de pimentão e pimenta (Capsicum annuum L.) numa única colheita. Theoretical and Applied Genetic, 58: 253-256.

Shirshat, S. S. 1994. Estudos de variabilidade e divergência genética na malagueta (Capsicum annuum L.). Tese de mestrado, Universidade de Ciências Agrícolas, Dharwad, Índia.

Shirshat, S. S., Giritammannavar, V. A. e Patil, S. J. 2007. Análise da variabilidade genética para caraterísticas quantitativas na malagueta. Karnataka Journal of Agricultural Sciences, 20(1): 29 -32.

Shivasubramanian, S. e Menon, M. 1973. Heterosis and inbreeding depression in rice. Madras Agricultural Journal, 60: 1139.

Shivkumar e Hosamani, R. M. 2006. Estudos sobre variabilidade, hereditariedade e avanço genético na malagueta (Capsicum annuum L.). Indian Journal of Plant Genetic Resouces, 19(1): 107-112.

Singh, A. e Singh, H. N. 1976. Genetic divergence in chilli. Indian Journal of Genetics and Plant Breeding, 36: 425-430.

Singh, B. D. 1990. Plant Breeding, pp. 237. Kalyan Publishers, Nova Deli.

Singh, A. K. e Chaudhary, B. R. 2010. Arquitetura genética no melhoramento de culturas de malagueta (Capsicum annuum L.). Vegetos, 23(2): 113-116.

Singh, R. K. e Chaudhary, B. D. 1977. Biometrical Methods in Quantitative Genetic Analysis, pp. 318. Kalyani Publishers, Nova Deli.

Singh, D. K. e Singh, A. 2011. Avaliação dos parâmetros de variabilidade e associação de caracteres para caraterísticas quantitativas na malagueta (Capsicum annuum L.). Agricultura

Progressiva, 11(1): 113-116.

Singh, H., Srivastava, S. e Singh, A. K. 2005. Análise da trajetória dos traços componentes do rendimento da malagueta (Capsicum annuum L.). Progressive Horticulture, 37(2): 377384.

Singh, R. K. e Singh, D. B. 2012. Variabilidade genética e associação de caracteres em chilli. SAARC Journal of Agriculture, 10(1): 71-80.

Singh, Y., Sharma, M. e Sharma, A. 2009. Genetic variation, association of characters, and their direct and indirect contributions for improvement in chilli peppers. International Journal of Vegetable Science, 15(4): 340- 368.

Smitha, R. P. e Basvaraja, N. 2007. Variabilidade e estratégia de seleção para melhorar o rendimento da malagueta. Karnataka Journal of Agricultural Sciences, 20(1): 109-111.

Sreelathakumary, I. e Rajamony, L. 2002. Parâmetros de qualidade da malagueta (Capsicum chinensis). Jornal de Agricultura Tropical, 40: 7-10.

Sreelathakumary, I. e Rajamony, L. 2002. Estudos de variabilidade, hereditariedade e correlação na malagueta (Capsicum spp.) à sombra. Indian Journal of Horticulture, 59(1): 77-83.

Sreelathakumary, I. e Rajamony, L. 2003. Variabilidade, hereditariedade e avanço genético no pimentão. Capsicum and Eggplant Newsletter, 22: 51-54.

Sreelathakumary, I. e Rajamony, L. 2004. Variabilidade, hereditariedade e avanço genético na malagueta (Capsicum annuum L.). Journal of Tropical Agriculture, 42(1-2): 35-37.

Tembhurne, B. V., Revanappa, R. e Kuchanur, P. H. 2008. Desempenho varietal, variabilidade genética e estudos de correlação na malagueta (Capsicum annuum L.). Karnataka Journal of Agricultural Sciences, 21(4): 541-543.

Thul, S. T., Lal, R. K., Shasany, A. K., Darokar, M. P., Gupta, A. K. , Verma, R. K. e Khanuja, S. P. S. 2009. Estimativa da divergência fenotípica numa coleção de espécies de Capsicum para caraterísticas relacionadas com a produção. Euphytica, 168(2): 189196.

Ukkund, K. C., Patil, M. P., Madalageri, M. B., Mulage, R., e Jagadeesh R. C. 2007. Estudos de associação de caracteres e análise de caminhos em malagueta verde para rendimento e atributos de rendimento (Capsicum annuum L.). Karnataka Journal of Agricultural Sciences, 20(1): 99-101.

Ullah, M. Z., Hasan, M. J., Saki, A. I., Rahman, A. H. M. A. e Biswas, P. L. 2011. Associação de correlação e causa, análise de efeitos entre traços morfológicos em malagueta (Capsicum frutescens L.). Revista Internacional de Investigação Biológica, 10(6): 19-24.

Vani, S. K., Sridevi, O. e Salimah, P. M. 2007. Estudos sobre a variabilidade genética, correlação e análise de caminhos na malagueta (Capsicum annuum L.). Anales de Biologia, 23(2): 117-121.

Varalakshmi, B. e Haribabu, K. 1991. Genetic divergence, heritability and genetic advance in chilli (Capsicum annum L.). Indian Journal of Genetics, 51(2): 174-178.

Vavilov, N. I. 1951. A origem, variação, imunidade e reprodução das plantas cultivadas. Chronica Botanica, 13(1): 1949-1950.

Verma, S. K., Singh, R. L. e Arya, R. R. 2004. Variabilidade genética e estudos de correlação em malaguetas. Progressive Horticulture, 36(1): 113-117.

Warade, S. D., Dhumal, M. M. e Shinde, K. G. 1997. Diversity studies in chilli. Journal of Maharashtra Agricultural Universities, 22: 109-112.

Wasule, J. H., Paramar, N. R., Potdukhe e Deshmukh, D. T. 2007. Variability studies in chilli. Anais de Fisiologia Vegetal, 18 (2): 187-191.

Wright, S. (1921). Correlation and causation. Journal of Agricultural Research, 20: 557-587.

Yadeta, B., Belew, D., Gebreselassie, W. e Marame, F. 2011. Associação genética entre alguns atributos de genótipos de pimenta (Capsicum annuum L.) em West Shoa, Etiópia. Médio Oriente, Jornal de Investigação Científica, 7(4): 567573.

Apêndice 1: Dados meteorológicos semanais médios da época de colheita (janeiro a julho de 2013)

Met. week	Date & month	Rainfall (mm)	Relative humidity (%)		Temperature	
			Morning	Afternoon	Max. Temp.	Min. Temp.
1	1-7 Jan	0.00	94.00	79.00	10.00	5.20
2	8-14	0.60	91.00	63.00	17.60	4.60
3	15-21	40.80	90.00	63.00	17.50	5.60
4	22-28	0.00	86.00	50.00	19.30	2.60
5	29-4 Feb	19.80	88.00	59.00	20.20	7.60
6	5-11	44.40	92.00	60.00	20.10	4.80
7	12-18	10.80	91.00	63.00	19.90	7.50
8	19-25	65.80	93.00	73.00	19.60	8.40
9	26-4 Mar	35.80	86.00	58.00	23.30	8.30
10	5-11	0.00	78.00	53.00	27.80	10.90
11	12-18	5.70	89.00	55.00	25.50	11.90
12	19-25	35.70	80.00	47.00	27.70	13.10
13	26-1 Apr	0.00	89.00	49.00	28.40	12.60
14	2-8	0.00	83.00	32.00	30.10	13.20
15	9-15	2.20	32.00	2.00	32.80	14.70
16	16-22	1.20	72.00	30.00	32.80	16.10
17	23-29	1.20	68.00	30.00	33.50	16.30
18	30-6 May	0.00	61.00	21.00	36.50	18.10
19	7-13	0.20	55.00	20.00	35.70	18.70
20	14-20	0.00	60.00	22.00	40.10	18.90
21	21-27	9.60	46.00	23.00	42.54	22.61
22	28-3 Jun	12.00	58.00	27.00	37.87	21.47
23	4-10	0.00	59.00	32.00	41.09	25.00
24	11-17	95.40	77.00	55.00	33.90	23.31
25	18-24	2.60	63.00	41.00	81.13	25.83
26	25-1 July	31.60	74.00	53.00	34.87	24.36
27	2-8	77.20	84.00	58.00	35.21	25.14
28	9-15	47.00	89.00	64.00	33.36	23.89
29	16-22	35.40	84.00	66.00	33.11	25.86
30	23-29	30.60	85.00	67.00	33.56	26.13

Fonte: Observatório de Agrometerologia, Divisão de Agronomia, SKUAST-J, Chatha

Apêndice 2: Análise de variância para vários caracteres na malagueta (*Capsicum annuum* L.)

Traits studied	Mean sum of squares		F-value
	Genotypes	Error	
Days to 50% flowering	587.93	9.49	61.97*
Days to fruiting	549.85	14.73	37.32*
Total number of fruits per plant	23705.91	1126.98	21.03*
Average fruit weight	6.99	0.06	115.35*
Fruit length	6.66	0.12	55.09*
Fruit diameter	0.31	0.004	72.81*
Stalk length	0.50	0.02	20.40*
Plant spread	550503.24	179714.50	3.06*
Number of primary branches per plant	2.17	0.67	3.23*
Plant height	184.17	28.51	6.46*
Number of seeds per fruit	454.87	87.49	5.20*
Capsaicin	0.015	0.0002	61.29*
Ascorbic acid	3610.15	0.12	589.94*
Fruit yield per plant	148522.71	11370.26	13.06*
Fruit yield per plot	14852274.00	1137023.5	13.06*
Fruit yield per ha	3262.73	249.80	13.06*

*Significativo ao nível de 5 % de significância

MIX
Papier aus verantwortungsvollen Quellen
Paper from responsible sources
FSC® C105338

Printed by Books on Demand GmbH, Norderstedt / Germany